技术经济评价专题研究

李 创 郭 洁 胡建兰 编著

黄河水利出版社
·郑州·

内容提要

本书作者根据多年从事技术经济研究工作的实践，并借鉴相关领域的研究成果，对技术经济评价中的影子价格、投资分摊、风险评估、综合评价等几个专题进行了深入研究。主要内容包括影子价格的基本概念、计算方法及其在国民经济评价中的运用，投资分摊的基本概念、计算方法及其在综合利用建设项目经济评价中的运用，投资项目风险评估概述、风险评估的基本方法及实证研究，投资项目的综合评价概述、综合评价的基本方法及实例分析等。可供从事技术经济评价工作的相关人员阅读参考。

图书在版编目(CIP)数据

技术经济评价专题研究/李创等编著.—郑州：黄河水利出版社，2008.9

ISBN 978-7-80734-498-8

Ⅰ.技…　Ⅱ.李…　Ⅲ.技术经济-经济评价
Ⅳ.F062.4

中国版本图书馆 CIP 数据核字(2008)第 137056 号

策划组稿：马广州　　电话：0371-66023343　　E-mail：magz@yahoo.cn

出 版 社：黄河水利出版社

地址：河南省郑州市金水路 11 号　　邮政编码：450003

发行单位：黄河水利出版社

发行部电话：0371-66026940、66020550、66028024、66022620(传真)

E-mail:hhslcbs@126.com

承印单位：河南地质彩色印刷厂

开本：890 mm×1240 mm　1/32

印张：5.875

字数：167 千字　　印数：1—1 200

版次：2008 年 9 月第 1 版　　印次：2008年 9 月第 1 次印刷

定价：18.00 元

前　言

技术经济评价理论,是根据工程技术和经济管理相关学科的理论和知识,结合我国建设项目的实践经验,发展而形成的一门方法论学科。其主要研究对象是工程项目经济评价理论与方法,涉及技术、经济、社会、环境等诸多领域。本书作者在技术经济评价及项目管理研究方向上已经进行了大量研究工作,重点研究了水利工程、电力工程经济效益理论与计算方法,项目评价理论和可行性研究方法,水资源开发和利用的评价方法。

本书作者根据多年从事技术经济评价研究工作的实践,并借鉴相关领域的研究成果,对技术经济评价中的影子价格、投资分摊、风险评估、综合评价等几个专题进行了深入研究。本书主要介绍了影子价格的基本概念、影子价格的计算方法、影子价格在国民经济评价中的运用;投资分摊的基本概念、投资分摊的计算方法、投资分摊在综合利用建设项目经济评价中的运用;投资项目风险评估概述,风险识别、风险评估、风险评价的基本方法以及风险评价的实证研究;投资项目综合评价概述、综合评价的基本方法、综合评价的实例分析等。书中汇集了作者多年研究成果及指导的研究生论文成果精华,以抛砖引玉,推进相关专题的理论研究和技术经济评价在工程实践中的运用。

本书由李创、郭洁、胡建兰编著。具体分工如下:郭洁编写第1章、第2章,胡建兰编写第3章,李创编写第4章。全书由李创统稿。书中借鉴了多名专家在相关领域的研究成果,在此一并表示感谢。

由于作者水平有限,研究工作还需进一步深入,书中难免有不当之处,敬请各位专家和读者批评指正。

作　者

2008年6月

目 录

第1章　影子价格

1.1　影子价格的基本概念

1.1.1　影子价格的定义

影子价格理论的雏形是苏联经济学家列·维·康托洛维奇(Konterovitich)为解决资源最优利用问题而提出的客观制约估价理论。它主要用于国民经济计划工作中的集中决策研究,也称为“最优计划价格”理论。随后荷兰经济学家詹恩·丁伯根(Jan Tinbergen)将其进一步完善,用于自由经济中的分散决策,于是影子价格又被称为“预测价格”。美国著名经济学家保罗·萨缪尔森(Paul Samuelson)发展了丁伯根的影子价格理论,使其成为主要反映资源是否得到合理配置和利用的预测价格的概念,并从三个方面做出了比较具体的阐述和补充:①影子价格是以线性规划为计算方法的计算价格;②影子价格是一种资源价格;③影子价格是以边际生产力为基础的。此外,他还把商品的边际成本也称为影子价格。

关于影子价格的定义,从不同角度国内外也有着不同的论述。国内一些项目评价类书籍中认为,影子价格是资源和产品在完全自由竞争市场中的供求均衡价格。国外有学者认为,影子价格是没有市场价格的商品或服务的推算价格,它代表着生产或消费某种商品的机会成本。还有学者,如 Robert J. Brent (1996)将影子价格定义为商品或生产要素的边际增量所引起的社会福利的增加值。谭清美、周之豪(2000)根据帕累托有效配置理论,将影子价格定义为帕累托有效配置时资源、产品或服务的边际价值。

除此之外,联合国工业发展组织的有关文献中对影子价格的含义解释为“影子价格是商品或生产要素可得性的任何变化所带来的福利增加”，这一概念中生产要素、可得性变化、福利的意义分别与资源、合理配置、盈利的意义是一致的。因此，其实质仍说明影子价格是反映资源合理配置的资源价格。我国原国家计委等在《建设项目经济评价方法与参数》中对影子价格解释为“影子价格是为消除价格扭曲对投资决策的影响，合理度量资源、货物与服务的经济价值而测定的，比财务价格更为合理的价格”，并进一步阐明“所谓合理，从定价原则看应能更好地反映产品的价值，反映市场供求情况，反映资源稀缺程度。从价格产生的效果看，应能使资源配置向优化方向发展”。

总结以上的有关影子价格的定义，不外乎从以下三种角度界定影子价格：

(1)以线性规划理论为基础。影子价格实际上是运筹学中线性规划理论对偶问题的经济学解释。在一定经济结构中，以线性规划的方法计算的反映资源最优利用的价格就是影子价格，又称为最优计划价格。在线性规划中，最优状态下的“价格”有两类，即最终产品价格(目标函数系数)和资源的影子价格。影子价格表示对某种资源一个单位的估价，它不是资源的市场价格，因为资源的市场价格是个已知数，而且相对稳定。资源的影子价格则有赖于若干资源的利用情况，是个未知数。由于企业生产任务、产品结构等情况发生变化，资源的影子价格也随之改变。影子价格是根据资源在生产中所做出的贡献所作的估价，衡量的是资源对总利润的边际贡献。影子价格的经济解释为，对某种资源在实现最大利润时的一种“价格估计”，当其市场价格低于该价格估计时，企业就买进这种资源；当其市场价格高于该价格估计时，企业就卖出这种资源。随着资源的买进卖出，它的影子价格也随之发生变化，一直到影子价格与市场价格保持同等水平，才处于平衡状态。可见影子价格对市场有调节作用，它是一种能够反映资源的社会劳动消耗及资源稀缺程度和供求状况的价格。

(2)以边际价值理论为基础。荷兰经济学家詹恩·丁伯根(Jan Tinbergen)把某一种经济结构中的某种资源的最优决策下的边际价值称为该资源在这个经济结构中的影子价格。在该理论下，影子价格是以边际生产力为基础的商品“边际成本”，即指增产某一个单位产品的边际成本就是其产品的影子价格；或表述为“边际效益”，即指当在某一阶段投入资源并对资源进行最佳配置与充分利用时，每增加一个单位资源量所得到的盈利的差额即为该投入资源的影子价格。这一理论认为，商品价格不是由生产商品的平均生产条件的耗费决定的，而是由生产最后一个单位（或边际单位）的耗费决定的。这种边际理论与机会成本理论是相联的，即都是按边际生产费用的原则规定价格，在产品价格中考虑产品较高的生产费用，以便价格反映产品投入资源的稀少性。根据这一概念可得出，项目中投入物的影子价格应该是边际成本，产出物的影子价格应该是边际效益。

（3）以帕累托有效配置理论为基础。在不能实现帕累托有效配置的市场条件下，影子价格是资源和商品社会价值的估计值。在任何能实现帕累托有效配置的市场条件下，该理论认为都能从理论上确定商品或服务的影子价格，并可以定义影子价格为帕累托有效配置时资源、产品或服务的边际价值。谭清美、周之豪考虑了各个市场条件的不同，得出：①任何竞争性均衡都是帕累托有效的，均衡价格即为影子价格，有生产的竞争性经济中，生产和交换同时均衡时的产品价格为影子价格；②对普通垄断厂商和垄断竞争厂商来说，影子价格为生产均衡时的产品平均成本；③完全价格差别和政府适当价格管制都能使垄断厂商实现帕累托有效配置，影子价格为边际成本等于需求价格（厂商均衡）时的产品价格；④自然垄断产业以拉姆齐法则确定影子价格；⑤混合经济中商品的影子价格是生产者价格，对于外贸部门和外贸货物，厂商（项目）面对的生产者价格是国际市场价格。

总之，影子价格是社会处于某种最优状态下，反映社会劳动消耗、资源稀缺程度和对最终产品需求的产品及资源的价格。目前流行的影子价格已失去数学规划中所定义的严格性，泛指实际价格以外的，比较能反映资源稀缺程度的社会价值的那种价格。影子价格大于零，表示资源稀缺；稀缺程度越大，影子价格越大；当影子价格为零时，表示此种资源不稀缺，且资源有剩余，增加此种资源并不会带来经济效益。

1.1.2 影子价格的用途

1.1.2.1 用于项目经济评价与投资管理

项目经济评价的根本目的是使有限的资源投资于各种不同用途中,使产出的整体经济效益最大。要实现这一目标,必须站在国民经济的立场,分析、计算、研究项目的国民经济效益与所付出的代价。在计算国民经济效益与代价时,"价格"的合理程度是影响经济评价准确度、可信度与科学度的关键。所谓价格合理,是指从定价原则上应能更好地反映产品的价值,反映市场的供求情况,反映资源稀缺程度;从价格产生的效果看,应能使资源趋向优化配置方向发展。当今能符合这种集经济、社会、自然为一体的综合要求的价格,唯有影子价格。因此,国内乃至国外许多国家,尤其是发展中国家,在项目经济评价中都规定使用影子价格统一测量投入物、产出物的价值,分析项目经济效益,消除因价格"失真"对投资决策的影响,确保投资决策的可靠性与科学性。

1.1.2.2 用于企业生产与经营管理

影子价格可用于企业内部成本、效益的分析,用于企业生产产品的安排,用于新产品及企业投资项目的选择,用于企业经营决策以及用于市场调节中。如:当企业需要的某种资源的市场价格低于该资源的影子价格时,企业决策人可以买进该种资源,用于扩大生产;当企业拥有的某种资源的市场价格高于该资源的影子价格时,企业可考虑卖出该种资源以减少仓储,减少保险金,增加资金的时间价值,多获利润。但对整个经济形势而言,一味利用价差是不稳固的,只有以合理的影子价格制定价格才是长远、可靠、具有深远意义的。

1.1.3 影子价格的经济意义

从有关影子价格的来源可以看到,影子价格是企业稀缺的生产资源不用于产品生产而直接对外销售,却能获得与生产产品同样多的最大收入的一种理论售价。但收入最大并不意味着利润最高。一般认为,利润最高才是资源配置效率得到优化的标志,因此常利用利润总额或边际利润总额最大作为最优规划问题的目标。这样,资源的影子价格便是某种稀缺资源在实现最大利润总额或最大边际利润总额时的单位盈利,因而影子价格实际上是每增加一个单位稀缺资源所增加的经济利益。当然,如果以最大超额剩余价值或最小劳动耗费作为最优规划问题的经济目标,影子价格便是单位资源在最优利用条件下取得的单位超额剩余价值。

需要指出的是,在进行项目可行性研究和国民经济效益分析评价时,为了方便实用,所引用的影子价格并不符合数学规划中关于影子价格的定义,它不是指稀缺资源在最优利用状况下每个单位所能获得的超额盈利,也不是指增加单位资源所增加的超额剩余价值,而仅仅是指参照国际市场价格调整计算的、比较能反映资源稀缺程度的、有利于资源合理配置的理论计算价格。

1.2　影子价格的计算方法

1.2.1　线性规划方法

康托洛维奇和美国著名经济学家库普曼(T. C. Koopmas)先后用线性规划理论证明影子价格是资源配置的线性对偶规划的最优解。线性规划是数学规划的重要理论,也是运筹学的最基本内容。单纯形法是求解线性规划问题的基本方法,该法由美国人丹捷格(G. B. Dantzig, 1947)提出。理想的影子价格,对于静态离散性的,可用最优线性规划的对偶问题解求得;对于动态连续性的,可用拉格朗日乘数计算。本书仅讨论第一种情况。

线性规划的定义:求一组变量 $X_1, \cdots, X_n$ 的值,使之满足关于这组变量的若干线性等式或不等式的约束条件,而且使这组变量的一个线性目标函数取得极大值(或最小值),其数学模型用矩阵形式可表示为:

$$\max Z = CX$$

$$\begin{cases} AX \leqslant b \\ X \geqslant 0 \end{cases} \tag{1-1}$$

式中:Z 为目标函数;X 为决策变量;C 为目标函数变量系数矩阵;A 为约束方程组变量系数矩阵;b 为资源拥有量。

由线性规划对偶问题理论可知,线性规划存在其对称的对偶问题:

$$\min \overline{\omega} = Yb$$

$$\begin{cases} YA \geqslant C \\ Y \geqslant 0 \end{cases} \tag{1-2}$$

在单纯形法的每步迭代中有目标函数

$$Z = C_B B^{-1} b \tag{1-3}$$

和检验数

$$\sigma = C_N - C_B B^{-1} N \tag{1-4}$$

式中:C_B 为目标函数变量 X_B 的关系行向量;B^{-1} 为初始可行基的逆矩阵;C_N 为目标函数非基变量 X_N 的关系行向量;N 为非基变量的系数矩阵;$Y = C_B B^{-1}$ 为单纯形乘子。

设 B 是原问题的最优基 $\{\max Z = CX \mid AX \leqslant b, X \geqslant 0\}$,则 $Z^* = C_B B^{-1} b = Y^* b$。

因此有:

$$\frac{\partial Z^*}{\partial b} = C_B B^{-1} = Y^* \tag{1-5}$$

在经济学中称数学中的导函数为边际函数,影子价格就是其导数值,因此也是一种边际价格。某种资源的拥有量 b_i 在原来数值左右某个范围内波动时,原最优基将不发生变化。因此,其对偶问题的最优解也不变化,即 $Y = C_B B^{-1}$,这时的最大利润为:

$$Z^* = \sum_{i=1}^{m} b_i Y_i \tag{1-6}$$

此时$\dfrac{\partial Z^*}{\partial b_i} = y_i^*$ 对应于最大利润时该种资源数量的变化率。也即影子价格 Y_i 的值相当于在给定生产条件下,b 每增加一个单位时目标函数 Z 的增量。某种资源的影子价格就是在其他资源足够用的情况下,该种资源的拥有量增加一个单位所引起的最大利润的改变。下面通过一个实例来说明。

【例 1-1】 影子价格问题最早来源于数学规划。假若某企业生产

两种产品 X_1 和 X_2，售价分别为 8 元和 18 元，生产这两种产品需要耗用资源 b_1 和 b_2，其可用量分别为 $b_1=5\ 000$ 个单位，$b_2=6\ 000$ 个单位；生产每件 X_1 耗用的资源为 $\begin{pmatrix}4\\2\end{pmatrix}$，生产每件 X_2 耗用的资源为 $\begin{pmatrix}3\\5\end{pmatrix}$；同时，已知两种产品的最大销量分别为 800 件和 1 500 件。这时，收入最大的数学模型是：

$$\begin{cases}\max Z = 8X_1 + 18X_2 \\ 2X_1 + 5X_2 \leqslant 6\ 000 \\ 4X_1 + 3X_2 \leqslant 5\ 000 \\ X_1 \leqslant 800 \\ X_2 \leqslant 1\ 500 \\ X_1 \geqslant 0 \\ X_2 \geqslant 0\end{cases}$$

将 X 表示为决策向量 $\begin{pmatrix}X_1\\X_2\end{pmatrix}$，$B$ 表示为资源向量 $\begin{pmatrix}b_1\\b_2\end{pmatrix}$，$A$ 为约束条件系数，则可以用矩阵表述如下：

$$AX = B$$

即：

$$\begin{bmatrix}4 & 3\\2 & 5\end{bmatrix}\cdot\begin{bmatrix}X_1\\X_2\end{bmatrix}=\begin{bmatrix}5\ 000\\6\ 000\end{bmatrix}$$

根据矩阵运算法则，有：

$$X = A^{-1}$$

即：

$$\begin{bmatrix}X_1\\X_2\end{bmatrix}=\begin{bmatrix}4 & 3\\2 & 5\end{bmatrix}^{-1}\cdot\begin{bmatrix}5\ 000\\6\ 000\end{bmatrix}$$

可以计算出当 $X_1=500$ 件，$X_2=1\ 000$ 件时，$\max Z=22\ 000$ 元。

如果上述资源不用来生产 X_1 和 X_2，而用于直接出售，且应获得与生产产品时一样多的收入，根据式(1-5)可知其价格为：

$$Y^* = C_B A^{-1}$$

式中：C_B 为目标函数系数；A^{-1} 为约束条件系数矩阵的逆阵；Y^* 就是资源的影子价格，可以计算出来：

$$Y^{*}=\left(\frac{2}{7},\frac{24}{7}\right)$$

这时,如果按影子价格出售资源也可以获得22 000元的收入。

很显然,在资源约束、市场约束和技术条件约束同时存在下,如何组织生产以达到收入最大化,以及对同样的资源以什么价格出售也能获得同样多的最大收入,是密切相关的两类问题。在线性规划中,将这两类问题分别称为原问题与对偶问题。从理论上分析,当对偶问题只有一个最优解时,这个最优解才是影子价格。

1.2.2 间接方法

影子价格的数学解法在理论上已比较成熟,由线性规划对偶问题理论可知,原问题松弛变量对应对偶问题的决策变量,对偶问题的决策变量就是对原问题中各种资源一个单位的估价。原问题松弛变量在最优单纯表中的检验数的相反数,就是对偶问题决策变量的值,也即各种资源的影子价格的数值。以上计算过程可运用计算机直接求解,但实际应用十分困难,因为它可能涉及成千上万种资源和产品及更大数量等级的数学关系,以目前的技术和计划水平很难做到。在实际建设项目的国民经济评价中,通常采用以下间接方法,对影子价格进行有根据的估计。

1.2.2.1 市场均衡价格法

根据西方经济学的观点,如果经济社会处于一种无行政或人为干扰的理想的、纯粹的自由竞争状态,按照平均利润率的作用规律,资源也会趋向合理分配。此时,在理论上资源的影子价格近似等于其市场均衡价格。虽然完善的市场经济条件实际上并不存在,但一般认为,只要排除少数国家的限制和人为干扰,市场经济不发达的国家可以国际市场价格为基础调整、校正或近似地替代影子价格。

1.2.2.2 机会成本分析法

某种资源的机会成本是指用于项目的该种资源若用于其他更好的替代机会所能获得的效益。当项目占用一定量的某种资源时,国民经济被迫放弃把该部分资源用于其他更好的替代用途的机会,从而被迫放弃了可由此替代用途产生的效益,也即国民经济为该项目占用该部分资源而付出的代价。因此,机会成本代表项目占用该部分资源的影子费用(影子价格×占用量),反映着影子价格的大小。机会成本分析法常用于土地的影子费用和劳动力的影子价格(影子工资)。

1.2.2.3 消费者支付意愿法

该法主要用于确定非外贸货物的影子价格。若项目产出物有效增加了国内市场供应量,但供应量不足以大到引起国内市场价格下降,则消费者支付意愿的度量尺度就是市场价格本身,因而产出物的影子价格等于市场价格;若其供应量大到引起国内市场价格下降,则消费者支付意愿等于消费者实际支付加上消费者剩余;在项目产出物替代国内原生产企业的部分或全部生产时,其影子效益为原生产企业减产或停产向社会释放资源的价值,即等于这部分资源消费者支付意愿。同理,在项目投入物挤占原用户供应量时,其影子费用等于原用户因此而减少效益的价值,即等于原用户对这些投入物的消费者支付意愿;在项目投入物来自国内生产量增加时,其影子费用等于增加生产所消耗资源的价值,即等于这部分资源消费者支付意愿。

1.2.2.4 成本分解法

用成本分解法求非外贸货物的影子价格时,原则上应是对边际成本进行分解,但在实践中由于数据来源的困难,常用平均成本进行分解计算。对于必须用新增投资来增加所需投入物供应的,应按其全部成本(包括可变成本和固定成本)进行分解;对于能以发挥原有企业生产能力来满足供应的,则按其可变成本进行分解。

可见,无论是从定义上看还是通过严格的数学计算,影子价格都代表了一种最优状态下的资源最优配置价格。影子价格的计算不必拘泥于上述算法,只要对于无价可循或有价不实的商品与劳务能够寻找到较合理的替代价格,就是它的影子价格。影子收费方法的定价是通过度量项目所带来的社会效益来确定它的供给成本,进而根据供给成本来确定政府对该公共产品的支付函数。这时供给成本的一组构成元素实际上就是一组影子价格。

1.3　影子价格在国民经济评价中的应用

价格是投资项目国民经济评价的核心内容，是决定投资项目取舍的重要因素。对同一个投资项目来说，采用不同的价格标准进行费用效益分析计算，往往会得出不同的结论，甚至是相反的结论。因而，在国民经济评价中，必然要找到一种能够把项目的财务费用与效益和国民经济费用与效益协调一致的价格，这种价格既能反映社会资源本身的实际价值，同时又能反映产品市场的供求关系及资源的稀缺程度，并引导资源配置向优化方向发展，这种价格便是影子价格。

由于在大多数情况下难以用数学的方法直接计算影子价格，在项目的国民经济评价中，人们一般采用间接的实用的计算方法对影子价格进行估算。目前各个国家的规范对影子价格的计算有不同的规定。常用的影子价格估算方法有 L-M 法（又称手册法、OECD 法）、ST 法、UNIDO-IDCAS 法（又称阿拉伯法）等，分别以边境价格、口岸价格、社会福利函数为基础估算影子价格。

我国借鉴国际经济评价方法，并结合我国国情，由原国家计委、原建设部发布了《建设项目经济评价方法与参数》，作为项目经济评价的规范性文件，对影子价格的估算方法进行了规定。具体估算方法是将评价对象首先区分为投入物和产出物，再区分为外贸货物和非外贸货物、特殊投入物，然后分别采用到岸价格、离岸价格、成本分解法及法定公式进行计算。

1.3.1　影子汇率和影子折现率

1.3.1.1　影子汇率

1）影子汇率的来源

影子汇率是外汇的影子价格，对于涉及外汇收支投资项目的成本效益分析来说，外汇影子价格的推算确定是十分重要的，它不仅是评价外汇效果的一种尺度，即要求投资项目的经济换汇成本和经济节汇成本不大于影子汇率，而且反映着外汇对一个国家国民经济的真实价值。

从某种意义上说,影子汇率就是一种均衡汇率。如果一个国家的外汇政策和经济贸易政策是科学、合理的,由于利益最大化机制的作用,外汇的机会成本与外汇的边际效益就应该相等,即外汇供给的边际成本等于其边际效益。若外汇供给减少,国家被迫放弃的边际效益则应当与外汇供给增加而增加的边际效益相同,这时国家储备外汇的经济效益将趋于最大。但是,一个国家的外汇政策和其他经济贸易政策不可能非常完美,一个国家因自身利益需要也不可能绝对对外开放,不可能完全取消关税保护和其他保护,而是会经常因国内外经济环境的变化而进行调整。因此,要准确确定外汇供给的边际成本和边际效益是较为困难的,一般只能采用确定影子汇率的方法以确定外汇的真实价值,对列有外汇收支的投资项目进行外汇效果分析。确定影子汇率不仅在于它是外汇的影子价格,而且在估算贸易品的影子价格时也需要大量使用影子汇率这一基本数据。因此,科学估算影子汇率对外汇分析和投资项目的经济评价而言是不可缺少的。

在实际社会经济生活中,如果一个国家的外汇政策和经济贸易政策比较合理并切合实际,法定汇率本身也就不会存在对本币价值高估或低估的问题,此时在其他条件不变的情况下,影子汇率的高低将完全由关税水平决定,即当外汇稀缺时,一个国家会采用减少进口增加出口的关税政策和其他政策;外汇丰余时,则会采用鼓励进口减少出口的关税政策和其他政策。一般而言,影子汇率是一个和"外汇溢价"相联系的概念。外汇溢价是由贸易品的进口税收和出口补贴引起的,因此与非贸易品相比较,消费者或国家为了多获得一个贸易品的进口或出口,就必须多付出一种额外的价值——外汇溢价。显然,外汇溢价表示着外贸商品的使用者或生产者为多获得一个贸易品进口或出口所多付出的代价,因而也表示着将贸易品的边境价格按法定汇率或外汇牌价换算为国内价值时,相对贸易品而言非贸易品影子价格的平均低估的程度。

由于影子汇率是由外汇溢价引起的,故影子汇率实际上也是增加了外汇溢价的法定汇率,或者说是增加了一定比率的进出口关税与补贴的法定汇率,故又称为调整汇率或修正汇率。影子汇率和法定汇率的关系是：

影子汇率＝法定汇率×(1＋外汇溢价)

一般用下列公式表示：

$$
\begin{aligned}
SER &= OER \times P_R \\
&= OER \times \left(1 + \frac{T + S}{M + S}\right) \\
&= OER \times \frac{(M + T) + (X + S)}{M + X}
\end{aligned} \tag{1-7}
$$

式中：SER 为影子汇率；OER 为法定汇率；T 为进口品税收；S 为出口品补贴(出口税为负号)；M 为进口品到岸价格总额；X 为出口品离岸价格总额。

上式中的分子是按国内价格计算的进出口贸易总额，分母是按口岸价格计算的进出口贸易总额，因此影响影子汇率高低的因素不仅有法定汇率，还有进出口贸易的构成及关税税率的高低。

2）影子汇率的确定

在法定汇率既定的情况下，主要有5种方法来确定影子汇率。

(1)进出口贸易总额法。计算公式如下：

$$SER = OER \times \frac{(M + T) + (X + S)}{M + X}$$

用这种方法确定影子汇率需要大量的统计资料，一般只能由海关总署统一计算，并应当定期向社会发布。同样，下面的加权平均税率法也是如此。

(2)加权平均税率法。由于影子汇率是因外汇溢价而引起的，而外汇溢价是外贸商品的使用者或生产者为了多获得一个贸易品出口或进口所多付出的代价，其实质是进出口货物的加权平均税率，因此可以计算加权平均税率并进而以此确定影子汇率。计算公式如下：

$$SER = OER + WATR \tag{1-8}$$

式中：$WATR$ 为加权平均税率，计算公式如下：

$$WATR = \sum 进口品价值比重 \times 税率 + \sum 出口品价值比重 \times 税率 \tag{1-9}$$

(3)旅游汇率法。前已述及，影子汇率受到了法定汇率、关税税率、进出口贸易构成的影响。其中任何一个因素的变化都会带来影子汇率的调整问题,而要随时调整实际上是不可能做到的。

在一个没有完全开放的国家中,往往同时存在着法定汇率、旅游汇率、黑市汇率等多种汇率形式,其中黑市汇率一般会高估外币的币值,而法定汇率又常常高估本币的币值,在旅游区外汇较为充裕,外汇的私人兑换交易较为频繁,交易双方能以满意价格达成交易,在许多交通便利、金融服务较好的旅游区,旅游汇率有时甚至和挂牌汇率一致,所以有的国家采用旅游汇率来确定影子汇率以简化计算。

(4)收支逆差调整法。收支逆差调整法是根据一个国家外汇收支情况对法定汇率进行调整来确定影子汇率的方法,其公式是:

$$SER = OER \times \frac{M}{B} \tag{1-10}$$

式中:B 为一个国家以本币表示的各种外汇收入;M 是以本币表示的各种外汇支出。

当外汇收支为顺差时,M/B 小于1,影子汇率小于法定汇率;当外汇收支为逆差时,M/B 大于1,影子汇率大于法定汇率;当外汇收支平衡时,M/B 等于1,影子汇率等于法定汇率。这种方法反映了外汇的稀缺程度,有利于外汇收支平衡,但不能直接反映外汇溢价,是阿拉伯国家常用的方法,其实质是根据外汇收支状况对法定汇率的修正,故这种影子汇率又称为修正汇率。

我国在外汇体制改革之前,曾多次随着经济形势变化调整了法定汇率,也随之对影子汇率作了变更,当法定汇率为3.6的时候,影子汇率定为3.8;当法定汇率为3.8的时候,影子汇率定为4.0;当法定汇率为5.2的时候,影子汇率定为5.8。

1993年12月28日,中国人民银行发布《关于进一步改革外汇管理体制的公告》,并决定于1994年1月1日开始实施,标志着我国的法定汇率与市场汇率实现并轨,开始实行以市场供求关系为基础的、单一的、有管理的浮动汇率制,显然,我国现行通用的汇率不能简单地称为法定汇率。但是,由于法定汇率和市场汇率的并轨,挂牌的外汇牌价是外汇供求关系的反映,其合法性是毋庸置疑的,所以影子汇率可以用外汇牌价乘以影子汇率换算系数(一般取值 1.08)确定。当然,在国际金融和国际经贸市场,一个国家的外汇牌价是由多种因素决定的,有时可能仍然发生对本币价值高估或低估的情况。例如,自 2001 年美国经济开始出现衰退迹象以后,美元却逆势走强,这时美国制造业和劳工组织便开始说服美国政府修改强势美元政策,国际舆论尤其在日本也出现了对人民币的溢美之词,因而有的专家提醒投资者注意美元强势下的投资陷阱。为了避免对人民币币值发生高估或低估的情况,一般可以采取两种措施:一是外汇牌价的取值应以一段时期的平均数为宜;二是对影子汇率换算系数应根据实际情况进行适当调整。

如果以口岸价格为基础计算影子价格,在确定贸易品影子价格的时候则只需通过挂牌汇率或市场汇率进行计算。在实现人民币自由兑换以后,我国的汇率将成为典型的市场汇率,这时的汇率能够较好地反映外汇的真实价值。但由于影子汇率归根结底是外汇溢价的产物,而且具有其他功能,故仍然需要确定影子汇率,这时,同样可以用市场汇率乘以影子汇率转换系数进行计算。

1.3.1.2 影子折现率

1)影子折现率的含义

影子折现率又称为影子利率,是一个以折现率或利率为基础的概念。一般而言,折现率是资金价值随时间推移其效用下降的比率。为补偿这种价值牺牲,于是就产生了所谓复利终值及其逆运算复利现值问题,为了比较分析,可以利用折现率将未来的费用和效益换算为当前的费用和效益,即以当前的货币为统一尺度来综合评价未来一系列现金流对经济效益的影响。在国民经济效益评估中所用的折现率,通常称为影子折现率。由于利率在本质上意味着资金的价格,所以影子折现率实际也是影子价格的表现形式。

影子折现率的确定对国民经济效益评估和国民经济本身均具有极为重要的作用。一方面,它能够以当前的货币为统一尺度来综合评价未来一系列现金流对经济效益的影响;另一方面,通过对投资项目的选择可以发挥调节投资的功能。如果影子折现率定得过低,项目的经济净现值就会过高,或项目的经济内部收益率就容易超过影子折现率,这样将促成大批项目上马乃至引起投资膨胀；相反，如果影子折现率定得过高，则会导致大批建设项目难以上马甚至导致投资紧缩。因此，必须根据国民经济长期发展规划的要求以及发展经济的综合能力，确定一个合理而稳定的影子折现率，以便从国民经济角度对项目进行选择。

影子折现率的估算，要充分估计国民经济发展的长期趋势，当国民经济发展暂时停滞、资金短缺时，可以适当提高影子折现率；当国民经济发展繁荣、资金充足时，则应适当降低影子折现率。如果为了进行反向调节，则可以作相反的处理。这样，就可以发挥影子折现率对建设投资的调节作用。具体地说，影子折现率能够反映拟建项目的费用及效益折算为同一尺度的代价与贡献，是衡量项目国民经济内部收益率是否达到规定收益率的标准，换言之，影子折现率是进行国民经济效益评估的基准折现率。因此，影子折现率作为一项重要的国民经济评价参数，是进行最后投资决策的重要工具。如果一个项目的国民经济内部收益率低于影子折现率，说明这个项目从宏观来看是不可行的；或者，按影子折现率计算，当一个项目的经济净现值小于零时，这个项目同样是不可取的。

在国民经济效益评估中，已将财务价格调整为影子价格，这样就剔除了造成价格失真的各种因素，反映了投入产出物对国民经济的真实价值。同时为了进行项目的选择，就要求对各个项目的费用与效益用同一尺度衡量它们随时间推移的变化，也就是说，各项目应当使用统一的影子折现率，而且，只有影子折现率统一时，才能使资源得到充分利用。

2）影子折现率的估算

估算影子折现率有许多方法，主要的方法有以下几种：

(1)根据资金机会成本确定影子折现率。在西方工业国家，由于公共项目的风险较小，故影子折现率的取值略低于银行利率；如果是竞争性项目，考虑风险因素，则可以用银行利率加风险报酬率确定；对于国际融资项目，往往以国际金融市场长期贷款利率为依据，即一般以伦敦市场拆放利率为标准，取值在8%～14%；在通常情况下，取项目能够筹到资金的加权平均利率为影子折现率。

从资金的边际产出概念出发，在实际运用中，可按资金产出率排队，并相应对投资项目所需资金进行累计，当投资资金用完时，最后一个项目的资金产出率即为影子折现率。这种方法能够很好地发挥影子折现率的资金分配功能，但实质是根据资金的机会成本确定的。

(2)根据边际项目的内部社会收益率确定影子折现率。对于用外汇表示的公共项目而言，确定影子折现率的根本目的是将公共投资资金分配到社会上最有用的项目中去。在建设项目的评估中，如果影子折现率(计算利率)定得太低，公共投资资金就会严重不足；反之，公共投资资金将有剩余。为了保证公共投资资金的供给等于需求，计算利率应是公共部门边际项目的内部社会收益率。在实践中对于公共投资，一般可以用资本的边际报酬率减去公共投资对于私人部门产生的影响确定，这是因为只有当全部投资报酬都归政府所有，或分配于私人部门的任何收入所产生的社会费用和社会效益相同时，资本的边际报酬率才和一般的影子折现率一致。故而对一般项目来说，影子折现率应是边际项目的内部社会收益率，也就是社会资本的边际产出率。

(3)根据效用递减原理确定影子折现率。从社会角度看，投资效益除了用于积累，主要是增加社会消费。有人认为单位消费效应会因时间推迟而递减，其递减速度即为消费利率，根据消费利率就可以确定影子折现率。

(4)根据历史数据平均确定。用上述方法来确定影子折现率都存在一定困难。在我国没有确定统一的影子折现率之前，不少部门只是根据历史数据确定。在20世纪80年代，中国建设银行曾按各部门的投资国民收入率或投资利税率作为计算有关指标的影子折现率。1987年9月，国家计委统一规定影子折现率为10%，并称为社会折现率。1993年4月根据宏观经济形势的变化，原国家计委、原建设部将影子折现率调整为12%，2006年又调整为8%。

另外，还可以根据宏观经济模型以及生产函数等数学模型来确定影子折现率，但这种方法需要大量参数，运算极为复杂，实用价值较低。

1.3.2 外贸货物影子价格的确定

外贸货物是指其生产或使用直接或间接影响国家进出口的货物，

包括:项目产出物中直接出口(增加出口)、间接出口(替代其他企业产品供应国内市场而使其他企业增加出口)或替代进口(以产品满足其他企业或最终消费从而减少进口)者;项目投入物中直接进口(增加进口)、间接进口(挤占其他企业投入物使其增加进口)或减少出口(挤占原可用于出口的国内产品)者。

外贸货物的影子价格以实际可能发生的国际市场价格(一般取边境价格)为基础确定。边境价格的选取应注意国际市场的变化趋势,进行有根据的预测。边境价格选定后,外贸货物的影子价格(项目产出物为出厂价,项目投入物为到厂价)通常按下述定价方法确定。

(1)直接出口产品(外销产品)的影子价格:

$$SP = FOB \times SER - (T_1 + T_{r1}) \tag{1-11}$$

式中:SP 为影子价格;FOB 为离岸价格;SER 为影子汇率;T_1 为国内运输费用,T_1 = 基础价格运输费用 × 交通运输影子价格换算系数;T_{r1} 为贸易费用,T_{r1} = ($FOB \times SER$ − 国内长途运费) ÷ (1 + 贸易费用率) × 贸易费用率。

(2)间接出口产品(内销产品,替代出口)的影子价格:

$$SP = FOB \times SER - (T_2 + T_{r2}) + (T_3 + T_{r3}) - (T_4 + T_{r4}) \tag{1-12}$$

式中:T_2、T_{r2}分别为原供应厂到口岸的运输费用及贸易费用;T_3、T_{r3}分别为原供应厂到用户的运输费用及贸易费用;T_4、T_{r4}分别为项目到用户的运输费用及贸易费用。

(3)替代进口产品的影子价格:

$$SP = CIF \times SER + (T_5 + T_{r5}) - (T_4 + T_{r4}) \tag{1-13}$$

式中:CIF 为到岸价格;T_5、T_{r5}分别为口岸到用户的运输费用及贸易费用。

具体用户难以确定时,可按到岸价格计算。

(4)直接进口产品的影子价格:

$$SP = CIF \times SER + (T_1 + T_{r1}) \tag{1-14}$$

(5)间接进口产品的影子价格:

$$SP = CIF \times SER + (T_5 + T_{r5}) - (T_3 + T_{r3}) + (T_6 + T_{r6}) \tag{1-15}$$

式中：T_6、T_{r6}分别为供应厂到项目的运输费用及贸易费用。

供应厂和原用户难以确定时，可按直接进口考虑。

(6)减少出口产品的影子价格：

$$SP = FOB \times SER - (T_2 + T_{r2}) + (T_6 + T_{r6}) \tag{1-16}$$

供应厂难以确定时，可按离岸价格计算。

(7)贸易费用。项目国民经济评价中的贸易费用是指商贸部门花费在生产资料流通过程中以影子价格计算的除去长途运输以外的费用。贸易费用包括货物的经手、储存、再包装、短距离倒运、装卸、保险、检验等流通领域中所有环节上的费用支出，也包括流通中丢失、破损等损耗以及资金占用的机会成本，但不包括流通中的长途运费。

在国民经济评价中，贸易费用是由货物的出厂价或口岸价乘以一定的系数计算的，这个系数称为贸易费用率。它反映的是贸易费用的一个综合比率。贸易费用率的高低与货物本身的价格、货物流通的特性有关。不同种类的货物，在不同的场合，其流通费用是不一样的。贸易费用率的测定类似于其他一般非外贸货物分解成本的测定。首先从商贸部门财务上的流通费用构成入手，选用影子价格调整各项费用，再用资金机会成本调整流动资金利息及固定资产折旧。国家测定一般性的贸易费用率，要兼顾国内商品流通部门和各外贸部门的费用水平，一般可将各内外贸部门流通部门的贸易费用率按商品流通额加权平均。

对于进口货物、出口货物或非外贸货物，当需要计算贸易费用时，采用下列方法：

进口货物的贸易费用 = 到岸价 × 影子汇率 × 贸易费用率

出口货物的贸易费用 =（离岸价 × 影子汇率 − 国内运费）× 贸易费用率

非外贸货物的贸易费用 = 出厂影子价格 × 贸易费用率

不经商贸部门流转而由生产单位直供的货物，不计算贸易费用。

一般而言，需要评价人员自行确定影子价格的外贸货物仅限于项目的主要产出物和主要投入物，对其他需采用影子价格的产出物和投入物可直接选用原国家计委等发布的《建设项目经济评价方法与参数》中给出的影子价格。

1.3.3 非外贸货物影子价格的确定

非外贸货物是指其生产或使用不影响国家进出口的货物。包括：所谓“天然”非外贸货物如建筑、国内运输等基础设施及商业的产品和服务；由于运输费用过高或受国内外贸易政策和其他条件的限制不能进行外贸交易的货物。非外贸货物的特点是：到岸价 > 国内生产成本 > 离岸价。非外贸货物没有国际市场价格资料，必须根据投入产出非外贸货物对国民经济的影响来确定其影子价格。

1.3.3.1 产出物的影子价格

(1)增加供应量满足国内消费的产出物：在供求均衡时，按财务价格定价；供不应求的，参照国内市场价格并考虑价格变化趋势定价，但一般不应高于相同质量产品的进口价格；对供求情况判别不清时，取上述价格中较低者。

(2)不增加国内供应量，只是替代其他相同或类似企业的产出物：致使被替代企业减产或停产的，产出物质量与被替代产品相同的，应按被替代企业同种产品的可变成本分解定价，此时说明国内市场有限，该产品不应扩大再生产；如果产出物质量比被替代产品质量高，国内又没有同样的产品，则可参照该产出物的国际市场价格定价。

按上述原则定价后，再适当增减运输费用和贸易费用，换算为出厂价格。

1.3.3.2 投入物的影子价格

(1)现有生产该投入物企业生产能力有余，项目投入物直接或间接来自现有企业挖潜或生产能力利用，则投入物按边际生产成本定价。这时生产成本不含固定成本，仅包含所增加的变动成本，所以可按可变动成本分解定价。

(2)国内无富余生产能力，项目投入物直接或间接来自新增投资扩大生产规模的，按新增生产能力的边际生产成本定价。这时生产成本包含固定成本和变动成本，所以应按全部成本分解定价。难以取得资料时，也可参照市场价考虑定价。

(3)项目投入物无法通过扩大生产规模增加供应，而是来自于减少对国内原用户的供应，则投入物的影子价格就是其他用户的边际产出价值。在缺乏有关其他用户边际产出价值数据的情况下，取这种投入物的市场交换价格作为边际产出价值的估计值。

按上述原则定价后，再适当增减运输费用和贸易费用，换算为到厂价格。

1.3.3.3 非外贸货物的成本分解法

成本分解方法是一种以外贸货物的国际市场价格为基础，调整非外贸货物价格的方法。许多货物本身属非外贸货物，但其耗用的原材料、燃料则是外贸货物。例如电力是非外贸货物，但其燃料多为外贸货物。成本分解法就是将这种非外贸货物的成本进行分解，将成本构成中的外贸货物根据口岸价格定价，从而估算出该种非外贸货物的影子价格。

成本分解原则上应对边际成本而不是平均成本进行分解。如果缺乏资料，也可分解平均成本。必须用新增投资来增加所需投入物供应的，应按全部成本（包括固定成本和可变成本）进行分解；可以发挥原有项目生产能力增加供应的，应按其可变成本进行分解。成本分解一般按下列步骤进行：

（1）按生产费用要素，列出某种非外贸货物的财务成本、单位货物耗费的固定资产投资额及占用的流动资金，并列出该货物生产厂的建设期限、建设期各年投资比例。

（2）剔除上述数据中可能包括的税金和补贴。

（3）按照本节中所述的确定外贸货物和非外贸货物影子价格的原则和方法，对外购原材料、燃料和动力等投入物的费用进行调整。其中有些可以直接使用原国家计委组织测算的影子价格或换算系数。对重要的外贸货物应自行计算影子价格。重要的非外贸货物可再进一步进行成本分解。有条件时，也应对投资中某些占比例较大的费用项目进行调整。

（4）工资及提取的职工福利基金和其他支出，原则上不予调整。

（5）计算总投资（包括固定资产投资和流动资金）的资金回收费用，对折旧和流动资金利息进行调整，计算公式如下：

$$M = K_F(A/P,i_s,n_2) - S_V(A/F,i_s,n_2) + Wi_s$$
$$= (K_F - S_V)(A/P,i_s,n_2) + (W + S_V)i_s \quad (1\text{-}17)$$

式中:M 为经调整后的资金回收费用; K_F 为换算为生产期初的固定资产投资,$K_F = \sum_{i=1}^{n_1} K_t(1+i_s)^{n_1-t}$(按可变成本分解时,$K_F=0$);$S_V$ 为计算期末回收的固定资产余值;W 为流动资金占用额;i_s 为社会折现率;n_1 为建设期;n_2 为生产期;K_t 为建设期中第 t 年调整后的固定资产投资。

(6)必要时按上述办法对分解成本后仍为非外贸货物的子项目进行第二轮成本分解。

综合以上各步之后,即可得到该种非外贸货物的分解成本。

【例 1-2】 某种原料被视为非外贸货物,为进行拟建项目的国民经济评价,试求其影子价格。由于缺乏边际成本的资料,故采用平均成本进行分解(见表 1-1)。

表 1-1　某种化工原料的财务成本表(按生产费用要素)

项目	单位	耗用量	耗用金额(元)
1. 外购原材料、燃料和动力			704.53
原料 A	m^3	4.42	412.37
原料 B	t	0.25	21.64
燃料 C	t	1.40	65.82
燃料 D	t	0.07	13.04
电力	kWh	330	28.74
其他			94.31
铁路货运			59.24
汽车货运			9.37
2. 工资			39.62
3. 提取的职工福利基金			4.19
4. 折旧费			58.20
5. 大修理基金			23.24
6. 利息支出			7.24
7. 其他支出			24.68
单位成本			863.50

解:调查得到 2000 年全国平均生产每吨该种货物的固定资产原值为1 164元,占用流动资金为 180 元。

1)分解步骤

(1)投资调整。设固定资产形成率为 95%,则每吨该种货物耗用固定资产投资为:1 164 ÷ 95% = 1 225(元)。其中,建筑费用占 20%,将建筑费用按三材(钢材、木材、水泥)的影子价格分别调整,固定资产投资调整为 1 310.75 元。

建设期为 2 年,每年投资一半,社会折现率为 10%,换算为生产期初的固定资产投资为:$I_F = (1\ 310.75 \div 2) \times (1 + 10\%) + (1\ 310.75 \div 2) = 1\ 376.29$(元)。

(2)资金回收费用。项目计算生产期为 20 年,不考虑固定资产余值回收。查表知资金回收系数(*A/P*,10%,20)为 0.117 5,则年资金回收费用为:

$$M = 1\ 376.29 \times 0.117\ 5 + 180 \times 10\% = 179.71\text{(元)}$$

扣除原财务成本中折旧和流动资金利息,成本调高额为:

$$179.71 - 58.2 - 7.24 = 114.27\text{(元)}$$

(3)外购原料 A 的调整。原料 A 为外贸货物,属直接进口,到岸价为 50 美元/m^3,国家规定近期影子外汇换算系数为 1.08,按中国人民银行公布的外汇牌价为 1 美元等于 8.633 5 元计算。项目设在港口附近,贸易费用率为 6%,则成本调高额为:

$$8.633\ 5 \times 1.08 \times 50 \times 4.42 \times (1 + 6\%) - 412.37 = 1\ 771.91\text{(元)}$$

(4)外购燃料 D 的调整。燃料 D 为外贸货物,可以出口,出口离岸价扣减运费和贸易费后为 120 美元/t,成本调高额为:

$$8.633\ 5 \times 1.08 \times 120 \times 0.07 - 13.04 = 65.28\text{(元)}$$

(5)外购燃料 C 的调整。燃料 C 视为非外贸货物,取影子价格为 74 元/t,贸易费率为 6%,则成本调高额为:

$$74 \times 1.4 \times (1 + 6\%) - 65.82 = 44.00\text{(元)}$$

(6)电力的调整。已知电力的分解成本为 0.15 元/(kWh),作为影子价格,成本调高额为:

$$0.15 \times 330 - 28.74 = 20.76\text{(元)}$$

(7)铁路货运调整。铁路货运价格换算系数为 2.41,则成本调高额为:

$$59.24\times(2.41-1)=83.53(\text{元})$$

(8)汽车货运调整。汽车货运价格换算系数为 1.04,则成本调高额为:

$$9.37\times(1.04-1)=0.37(\text{元})$$

(9)原料 B 的调整。原料 B 为非外贸货物,可通过老厂挖潜增加供应,故按可变成本(见表 1-2)进行第二轮分解。

表 1-2　原料 B 的财务成本表(可变成本部分)

项目	单位	耗用量	耗用金额(元)
a	m^3	0.01	0.62
b	t	0.02	1.59
c	t	0.01	0.44
d	t	0.12	0.78
电力	kWh	60	3.79
铁路货运			0.16
汽车货运			0.08
其他			8.57
可变成本合计			16.03

2)第二轮成本分解步骤

(1)a 为外贸货物,到岸价为 50 美元/ m^3,贸易费用率为 6%,则成本调高额为:

$$8.6335\times1.08\times50\times0.01\times(1+6\%)-0.62=4.32(\text{元})$$

(2)b 为非外贸货物(包括几种同类货物),已知价格换算系数为 1.65(平均值),贸易费率为 6%,成本调高额为:

$$(1.59/0.02)\times1.65\times(1+0.06)\times0.02-1.59=1.19(\text{元})$$

(3)c 为非外贸货物,影子价格为 74 元/t,贸易费率为 6%,成本调高额为:

$$74\times(1+0.06)\times0.01-0.44=0.34(\text{元})$$

(4)d 为非外贸货物,价格换算系数为 1.61,贸易费率为 6%,成本调高额为:

$$(0.78/0.12)\times1.61\times(1+0.06)\times0.12-0.78=0.55(\text{元})$$

(5)电力为非外贸货物,影子价格取分解成本为 0.15 元/(kWh),成本调高额为:

$$0.15\times60-3.79=5.21(\text{元})$$

(6)铁路货运价格按换算系数 2.41 调整,成本调高额为:

$$0.16\times(2.41-1)=0.23(\text{元})$$

(7)其他均不予调整。

综合上述计算结果,原料 B 分解各项目调高总额为 11.84 元,则原料 B 的分解可变成本为 16.03 + 11.84 = 27.87(元),将其作为影子价格,考虑 6% 的贸易费率后则为 29.54 元。原料 B 总费用调低额为:

$$21.64-29.54\times0.25=14.25(\text{元})$$

综合以上步骤,该项成本总计调高为 2 085.87 元,其分解成本为:

$$863.50+2\,085.87=2\,949.37(\text{元})$$

影子价格的确定是为了消除价格扭曲对投资决策的影响,合理度量资源、货物与服务的经济价值,除上述通过换算系数、成本分解计算得到之外,也可以直接选用某适宜价格作为影子价格的数值。

1.3.4 特殊投入物的影子价格

1.3.4.1 影子工资

在财务评价中工资作为成本的构成内容,属项目的费用支出,但是它作为劳动者新创造价值的组成部分,在国民经济评价中就不能直接作为费用计入。

劳动力作为一种资源,可以看做是建设项目的特殊投入物。国民经济评价中应采用影子工资计量劳动力费用。影子工资是指拟建项目使用劳动力时,国家和社会为此付出的代价。影子工资的确定一般要考虑三个因素:一是劳动力的机会成本,即由于项目的建设使用劳动力而导致其他部门流失的劳动力的边际产出;二是因劳动力的就业或转移增加的社会资源消耗，如交通运输费用、城市管理费用、培训费用等，这些资源是因项目存在而消耗的，但并没有因此而提高劳动力的生活水平；三是项目的实施给社会提供了新的就业机会，对国家经济的重要贡献。

在国民经济评价中，以影子工资作为劳动力费用，并计入经营成本。从理论上讲，影子工资包括劳动力的机会成本和社会为劳动力的就业或转移消耗的资源价值。影子工资的大小与国家的社会经济状况、就业水平、劳动力结构、劳动力充裕程度以及采用的评价方法等因素密切相关。实际上，劳动力的机会成本是很难计算的。为方便起见，一般以财务评价中的现行工资及福利费为基础，乘以影子工资换算系数作为影子工资。

影子工资换算系数是影子工资与财务评价中的名义工资之比（财务评价中的工资及福利费合称为"名义工资"）。影子工资换算系数是项目国民经济评价的通用参数。原国家计委和原建设部根据我国劳动力的状况、结构及就业水平规定一般建设项目的影子工资换算系数为1。若依据充分，某些特殊项目可根据当地劳动力的充裕程度以及所用劳动力的技术熟练程度，适当提高或降低影子工资换算系数。对于就业压力很大的地区占用大量的非熟练劳动力的项目，换算系数可小于1，对于占用大量短缺的专业技术人员的项目，换算系数可大于1。

1.3.4.2　土地影子价格

土地作为项目的一项投入，在财务评价中土地征购等有关费用作为支出计入固定资产投资中。在国民经济评价中，项目占用土地的费用是土地的影子价格，可以用国民经济为项目使用土地而增加的资源消耗量和土地的机会成本来衡量，即

$$\text{土地影子价格} = \text{土地机会成本} + \text{新增资源消耗量}$$

国民经济为土地使用而增加的资源消耗量是指项目所支付的搬迁费、安置费等，这部分费用在项目的投资中已经支付，国民经济评价中仍作为费用处理。

土地的机会成本有两种情况：

(1)若项目占用的土地没有其他潜在用途,如荒山野岭等,则土地作为一种投入,其机会成本可视为零。

(2)若项目占用农村土地,其机会成本为项目占用土地导致的国民经济因此而放弃的替代用途所获得的净效益中最高者。土地征用费中的其他部分一般可按转移支付处理。土地机会成本的计算方法为:

$$C_{LO} = \sum_{t=0}^{n} C_{Lt}(1+g)^{t\tau}(1+i_s)^{t} \tag{1-18}$$

式中:C_{LO}为土地的机会成本;i_s 为社会折现率;C_{Lt}为土地年净收益;t 为年序数;τ 为基期距项目开工年年数;n 为项目使用寿命;g 为土地增值比率。

(3)若项目占用城市用地,则机会成本为项目以外其他单位愿意支付的最高财务价格。如果无法获得这种数据,可以参照附近或类似地区的土地财务价格确定。

国民经济评价对土地费用有两种具体处理方式:一是计算项目占用土地在整个占用期间土地可能最佳用途的逐年净效益的现值之和,作为土地费用计入项目建设投资中;二是将逐年净效益的现值换算成等值效益,作为项目每年的投入。一般采用前一种方式处理。

【例 1-3】　某工业项目建设期 3 年,生产期 17 年,需要占用水稻耕地 2 000 亩(133. 3hm^2),占用前 3 年平均每亩水稻产量为 0. 5t,每吨收购价 400 元,出口口岸价预计每吨 180 美元。设该地区的水稻年产量以 4% 的速度递增,社会折现率为 12%,水稻生产成本按收购价的 50% 计算,影子汇率换算系数为 1. 08,外汇牌价按 8. 633 5 元/美元,贸易费率为 6%,产地至口岸为 500km,产地至口岸的运输费用平均影子价格为 0. 035 元/(t · km)。按照上述数据计算该土地的机会成本。

解:(1)每吨稻谷按口岸价格计算影子价格:

口岸价格 180 美元/t,折合人民币为 8. 633 5 × 1. 08 × 180 = 1 678. 35(元)

产地至口岸的运输费为 0. 035 ×500 = 17. 5(元)

贸易费用为(1 678. 35 - 17. 5)/(1 +6%) ×6% =94. 01(元)

产地影子价格为 1 678. 35 -94. 01 -17. 5 =1 566. 84(元)

(2)每吨稻谷的生产成本为：

$$400 \times 50\% = 200(\text{元})$$

(3)该土地生产每吨稻谷的净效益为：

$$1\ 566.84 - 200 = 1\ 366.84(\text{元})$$

(4)20年内每亩土地的净效益现值为：

$$P = \sum_{t=1}^{20} 1\ 366.84 \times 0.5 \times \left(\frac{1 + 4\%}{1 + 12\%}\right)^t = 6\ 866.39(\text{元})$$

(5)2 000亩土地20年内的净效益现值为：

$$6\ 866.39 \times 2\ 000 = 1\ 373.28(\text{万元})$$

在国民经济评价中，取该值为土地的机会成本，计入项目的建设投资，但是在进行动态计算时，这部分价值不能再折现。

1.3.5　电力的影子价格

1.3.5.1　电力影子价格的构成

电力影子价格是能反映电力稀缺程度及其真实价值，并能促进电力资源获得最优利用配置的价格。根据影子价格的计算原则，一般可以用支付意愿法或边际成本法来确定电力的影子价格。尽管我国电力供应比较紧张，但长期以来我国的电力价格却相对较低，同时电力生产需要的投资又比较巨大，因此支付意愿法往往不能反映电力的真实价值，也不能反映电能的稀缺程度，而且不同用户有不同的支付意愿，使电力的影子价格既难以确定又缺乏实际意义，故而采用边际成本法确定电力的影子价格较为合适。

确定电力影子价格的边际成本法主要是计算三种电力生产的边际成本：第一种是边际发电容量成本，指在一定的技术经济要求条件下，满足用户新增单位用电(kW)需求而增加的发电投资；第二种是输变电容量成本，指在一定的技术经济要求条件下，满足用户单位用电(kW)需求而增加的输变电投资；第三种是边际电量成本，指在一定的技术经济要求条件下，满足用户用电负荷的瞬时增加而支出的电厂运行费用，实际上是系统中调峰的运行成本。

(1)边际发电容量成本：

$$C_1 = \frac{B_1(\alpha\beta + f_1) - B_2}{(1 - f_2)(1 - \varphi)} \tag{1-19}$$

式中：C_1 为边际发电容量成本；B_1 为以影子价格表示的单位用电发电工程造价；B_2 为燃煤费用节约；α 为投资回收系数；β 为投资调整系数；φ 为系统备用系数；f_1 为运行维护费率；f_2 为厂用电率。

式(1-13)中，投资回收系数的作用是将具有年金现值性质的单位用电工程造价换算为每年回收资金形成的容量成本；投资调整系数是将每年回收的资金调整为投产年份的单位投资；运行维护费率是对发电企业在运营过程中单位投资的追加投资；燃煤费用节约指采用大容量机组所带来的单位电量燃煤影子价格的节约费用；厂用电率指发电企业自用电的比例，一般为6%～7%；系统备用系数是指为防范设备故障，对付突然增加的用电要求对工程造价的影响而采用的系数。

(2)输变电容量成本。计算输变电容量成本，首先应计算各电压等级中的本级电压输变电年金：

$$A = \frac{P(\alpha\beta + f_1)}{\Delta P'} \tag{1-20}$$

式中：A 为单位用电各电压等级中的本级电压输变电年金；P 为该电压等级影子价格输变电投资的现值；$\Delta P'$ 为该电压等级新增输送容量的折现增量；其余符号意义同前。

式(1-14)中，折现增量是不同时间新增输送容量乘以折现系数后的电量，与分子中的时间价值因素保持一致。

接下来，以各个电网各种电压等级输变电折现增量为权重，利用加权平均法计算各电压等级的输变电容量成本，计算公式是：

$$C_2 = \frac{\sum \Delta P'' \times C_{2i}}{\sum \Delta P''} + A \tag{1-21}$$

式中：C_2 为各电压等级的输变电容量成本；$\Delta P''$为各电网各电压等级直接流入该电压等级输变电折现增量；C_{2i}为某电压等级的输变电容量成本；其余符号意义同前。

(3)边际电量成本。边际电量成本一般根据标准煤耗和标煤的影子价格计算：

$$边际电量成本=\frac{标准煤耗\times标煤影子价格}{1-厂用电率} \tag{1-22}$$

1.3.5.2　电力影子价格的确定

在实践中,按有关规定,电力的影子价格是分为以下几种类型进行计算的:

(1)按分电网、分电压等级的平均电力影子价格计算:

$$\frac{项目年用电}{影子价格}=\frac{某电网一定电压等级}{平均电力影子价格}\times全部用电量 \tag{1-23}$$

(2)按分电网、分电压等级、分负荷类型的平均电力影子价格计算:

$$\frac{项目年用电}{影子价格}=\frac{某电网一定电压等级一定}{负荷类型平均电力影子价格}\times全部用电量 \tag{1-24}$$

(3)按分电网、分电压等级、分负荷类型的两部电价制电力影子价格计算:

$$\frac{项目年用电}{影子价格}=\frac{影子价格}{基本电价}\times\frac{项目最}{大负荷}+\sum\frac{分时用电}{影子价格}\times分时用电电量 \tag{1-25}$$

上式中,分时用电影子价格与分时用电电量指高峰期、正常期、低谷期的用电影子价格和用电电量。影子价格基本电价乘项目最大负荷为影子价格基本电费,即与用户最大负荷相联系的边际成本,各种分时用电影子价格与分时用电电量积的和,为影子价格度电电费,即与用户的用电量相联系的边际成本。有关电力影子价格的资料可直接查阅国家公布的《全国分电网电力影子价格》。

1.3.5.3　关于电力影子价格计算方法的讨论

按照上述方法计算电力的影子价格,优点是符合电力价格的形成规律,但缺点也非常明显。第一,计算项目耗用电力的影子价格,要以项目所在地有关电网的平均电力影子价格为依据,电网的改变、合并将使得平均电力影子价格资料难以收集;第二,有关平均电力影子价格不是一成不变的数据,发电和输变电技术水平的进步,煤炭价格变动的影响,使《全国分电网电力影子价格》中的资料因具有极强的时效性而容易过时;第三,制定、修改各种平均电力影子价格和影子价格基本电价需要花费大量的劳动,而且由于电力供应状况的改变和其他有关时效问题,不一定能准确反映电力的真实价值和稀缺程度;第四,上述规定仍然是以各种边际成本的计算为前提的,它不但涉及发电和输变电工程投资的影子价格,而且涉及度电电费的影子价格问题,这样,就不可避免地涉及煤炭影子价格的计算确定,而煤炭影子价格的确定在理论上非常复杂,从而使电力影子价格的计算变得更加困难。

对电力影子价格计算方法的改进,有两种方法可以借鉴:

一是换算系数法,即国家可以根据一定时期内全国平均电力影子价格与全国平均电力市场价格之比估算一个换算系数,然后用各个项目的年用电费用乘以电力影子价格转换系数,即为项目年用电的影子价格。这种方法仍然存在统一测算全国平均电力影子价格的问题,而且同样不可避免地需要经常加以修正。

二是比例计算法,即根据电力和某种主要投入产出物的市场价格比例、边际成本比例或平均成本比例,以及这种主要投入产出物的影子价格,计算出项目耗用电力的影子价格。对于这种方法,可以参照有关非贸易品影子价格比例计算法。这种方法在一定程度上避免了上述弊端,既简单可行,又具有较高的科学性。

1.3.6　煤炭的影子价格

1.3.6.1　煤炭影子价格的计算

煤炭虽然属于贸易品,但由于不同煤矿所产的原煤有不同的质量,其热值、灰分、硫分有很大的差异,因此需要根据煤炭的技术经济特征来确定煤炭的影子价格。在我国,煤炭的影子价格主要是根据煤炭的热值系数,并在国家给出的有关省会城市原煤影子价格的基础上计算的。项目所在地有关原煤影子价格的计算公式是:

$$\text{项目所在地原煤影子价格} = \text{矿区坑口原煤影子价格} + \text{从矿区到项目原煤影子运费} \qquad (1\text{-}26)$$

式中：

$$\begin{array}{c}\text{矿区坑口原}\\\text{煤影子价格}\end{array}=\left(\begin{array}{c}\text{矿区邻近城市}\\\text{原煤影子价格}\end{array}-\begin{array}{c}\text{从矿区到邻近}\\\text{城市影子运费}\end{array}\right)\times\begin{array}{c}\text{热值修}\\\text{正系数}\end{array}$$

$$\text{热值修正系数}=\frac{Q-5.44}{20.91-5.44}$$

上述有关公式中，矿区邻近城市原煤影子价格是统一规定的热值为 20.91×10^{6}J/kg 的动力原煤（标煤）的影子价格；Q 是项目使用原煤的热值，如果小于 5.44×10^{6}J/kg，则将矿区坑口原煤影子价格定为0。

如果不能确定项目使用原煤的供应煤矿，可按下列公式计算：

$$\begin{array}{c}\text{项目所在地邻近}\\\text{城市的热值为 }Q\\\text{的原煤影子价格}\end{array}=\begin{array}{c}\text{矿区邻近}\\\text{城市原煤}\\\text{影子价格}\end{array}+\begin{array}{c}\text{单位热值}\\\text{影子价格}\\\text{修正系数}\end{array}\times\begin{array}{c}\text{项目使用}\\\text{原煤的热}\\\text{值}(Q)\end{array}-20.91 \qquad (1\text{-}27)$$

上式中，单位热值影子价格修正系数指项目动力原煤平均单位热值影子价格修正系数，按规定取值5.77。

计算项目使用原煤的影子价格：

$$\begin{array}{c}\text{项目使用}\\\text{原煤的}\\\text{影子价格}\end{array}=\begin{array}{c}\text{项目所在地邻近}\\\text{城市热值为 }Q\\\text{的原煤影子价格}\end{array}+\begin{array}{c}\text{从邻近城市到}\\\text{项目所在地的}\\\text{原煤影子价格}\end{array} \qquad (1\text{-}28)$$

上述各式中，项目邻近城市原煤的影子价格可查阅国家公布的《各城市动力原煤影子价格》，影子价格运费应根据交通运输影子价格换算系数确定。

1.3.6.2 煤炭影子价格计算方法的改进

用上述方法确定煤炭的影子价格有其科学的方面，这就是充分地考虑了煤炭的技术经济特点，也考虑了煤炭影子运费对煤炭影子价格的影响，但存在如下一些问题：

其一，以给出的邻近城市原煤影子价格为基础计算项目使用原煤的影子价格，会遇到邻近城市原煤影了价格的调整问题，而且还存在影子运费的调整计算问题，这样可能因有关资料没有及时更换而使煤炭的影子价格不能反映原煤的真实价值。

其二，在不能确定项目使用原煤的供应煤矿时，要以矿区邻近城市原煤影子价格为基础进行计算,供应煤矿不能确定,自然难以确定"矿区",似乎有些自相矛盾。

其三,有的项目已经靠近矿区甚至就在矿区本地,却要以邻近省会城市煤炭的影子价格为基础计算,显得有点舍本求末,而且当若干个项目恰巧处于两个省会城市中间地段时,可能因为所用的标准不同,同样的煤炭却有不同的影子价格。

其四,前述方法虽然考虑了原煤的技术经济特征,但没有反映煤炭作为一种自然资源价格形成的特点,而且将热值小于 5.44×10^6J/kg 的煤炭的影子价格定为 0 时,没有反映采掘这种煤炭应分摊的费用,也不利于资源的节约使用。在实践中,许多地方利用煤矸石发电已经取得了较好的经济效益,其热效率已经提高到 70%,说明即使是煤矸石对国民经济发电也有一定的效益。

其五,公式中用到了两个修正系数,第一个热值修正系数比较容易理解;第二个虽然可以理解为热值每超过标煤 1×10^6J 影子价格便增加 5.44 元,但其理论依据似乎应当是省会城市原煤的热值每增加 1×10^6J 影子价格增加的平均值,同样也会产生单位热值影子价格修正系数的调整问题。

对于原煤影子价格计算中存在的上述问题,可以考虑采用下述方法改进:

(1)比例计算法。由于在世界各国的煤炭产量中,大约有 80% 用于发电,因此从煤炭和电力的内在联系来看,在煤炭、电力价格及价比合理的前提下,可以根据煤炭与电力的价格、成本或边际成本的比例,以及电力的影子价格来计算煤炭的影子价格,可以在一定程度上提高计算的精确度。

(2)换算系数法。根据比例计算法计算出的煤炭的影子价格,可以计算出不同地区、不同时期煤炭影子价格与市场价格的加权平均比值,该比值就是煤炭影子价格和市场价格的换算系数,用该换算系数乘以煤炭的市场价格就可以计算出项目耗用的特定煤炭的影子价格。

(3)技术转换法。煤炭和电力都是重要的能源,煤炭是一次能源,电力是对煤炭的能量进行转化后形成的二次能源,因此二者在客观上存在着技术转换系数。据有关资料,每千瓦时相当于0.42kg标煤,同时考虑将煤炭的能量转化为电能的投资与采掘煤炭的投资比例,可以用下述公式对二者的影子价格进行换算:

$$\text{煤炭的影子价格} = \text{电力的影子价格} \div 0.42 \div \frac{\text{每千瓦时电力的投资}}{\text{每千克标煤的投资}} \tag{1-29}$$

上述三种方法中,比例计算法和换算系数法比较适合计算一般工业项目中煤炭影子价格。对于专门的火电项目,推荐采用第三种方法计算。必要时,也可以将它们结合起来加以运用。

1.3.7 水的影子价格

目前,关于水的影子价格的计算仍然没有形成较统一的认识。一般认为可以根据水资源的特点、工农业用水以及居民生活用水的生产特点,参照煤炭影子价格的计算来计算水的影子价格。

1.3.7.1 水的影子价格的构成

1)资源使用的影子费用

如果是一次买断的水资源,可参照下式计算:

$$\text{资源使用的影子费用} = \frac{(\text{一次买断费} - \text{有关税金}) \times \text{影子利率}}{\text{水资源总量}} \tag{1-30}$$

如果是分年买断的水资源,可参照下式计算:

$$\text{资源使用的影子费用} = \frac{(\text{分年买断费} - \text{有关税金}) \div \text{利率} \times \text{影子利率}}{\text{水资源总量}} \tag{1-31}$$

上面两式中,利率指无风险的货币时间价值,一般按长期国债利率确定,影子利率的含义及计算方法在前面已介绍过。实际工作中对资源买断费用的估计是较为困难的,即使已经成交的买断费用也不见得十分合理:一是水资源费长期偏低;二是我国尚未形成成熟的水资源市场;三是地下水资源具有不同的特性,例如,有的地下水含有丰富的对人体有益的微量元素,可以直接饮用,有的地下水温度很高,作为温泉有医疗保健价值,并会给当地带来可观的旅游收入。因此,对资源买断费用的科学估算仍然有一个探索过程，但是，我们可以参考已经成交的实例，借鉴国外对水资源的估价方法，结合我国经济发展、消费水平的特点确定。另外，也可以根据缺水发生的净经济损失即水资源的机会成本来估计水资源的买断费用。

2)资源勘探的影子费用

对于地下水来说，必须经过勘探才能查明水资源情况，借鉴煤炭的储量价格有：

$$\text{资源勘探影子费用}=\frac{\text{勘探工作影子成本}\times\text{勘探风险系数}\times\text{勘探工作成本盈利率}}{\text{水资源储量}} \tag{1-32}$$

对于以地面水为来源的水库来说，同样会发生勘测费用，其影子费用的计算方法与上类似。

3)水生产的影子费用

水生产的影子费用指因开采、净化、输送等而形成的按影子价格计算的成本及其平均利润，计算公式是：

$$\text{水生产的影子费用}=\frac{\text{开采、净化、输送影子成本总额}\times(1+\text{社会平均成本利润率})}{\text{水生产总量}} \tag{1-33}$$

上式中，开采指从水源提取水的过程，净化指对饮用水杀菌加工的过程，输送指采用水渠、水管、水泵压送水的过程。以上过程发生的影子成本，主要是固定资产折旧、维修和日常营运费用的影子费用。

4)污水处理的影子费用

污水处理的意义不仅在于减少了环境污染，同时是水的循环使用的必经过程。污水处理的影子费用可以参照水生产的影子费用计算公式确定：

$$\text{污水处理的影子费用}=\frac{\text{污水处理的影子成本总额}\times(1+\text{社会平均成本利润率})}{\text{污水处理总量}} \tag{1-34}$$

5)地下水开采外部效果的影子费用

地下水开采过量的外部效果主要是引起地下水位下降，严重时甚至导致地面沉降。地下水位下降过多时会引起周围某些地方部分作物减产，地面沉降导致地质灾害时则会带来更大的经济损失。因此，应根据具体情况分别确定应负担的机会损失，其有关公式是：

$$\text{地下水位下降导致农作物减产的影子费用} = \frac{\text{农作物减产量} \times \text{农作物影子价格}}{\text{水生产量}} \quad (1\text{-}35)$$

$$\text{地面沉降所导致损失的影子费用} = \frac{\text{地面沉降所导致损失的影子费用总额}}{\text{水生产量}} \quad (1\text{-}36)$$

1.3.7.2　水的影子价格的计算

具体计算水的影子价格时，应根据水的用途和生产方式将前述有关的影子费用相加，如灌溉用水的影子价格不包括净化过程的影子费用部分；对循环用水，或作为一种废水直接排出，必须计入污水处理的影子费用；如果水源是地下水，必须考虑地下水开采外部效果的影子费用等。

由于水的生产和电力的消耗有密切联系，因此也可以采用比例计算法通过电力影子价格来确定水的影子价格，其公式是：

$$\text{水的影子价格} = \text{电的影子价格} \times \frac{\text{水的生产成本}}{\text{电的生产成本}} \quad (1\text{-}37)$$

用比例计算法时要注意，如果水与电的生产成本失真，或电的影子价格不准，就不宜使用比例计算法。同时，由于降雨的季节性一般会导致水资源的季节性以及水生产成本的差异，因此应和电力销售中制定分时电价与分时影子价格一样，水也应该确定季节性价格与季节性影子价格，可以在平均价格的基础上根据降雨量的变化与生产成本的变化进行调整。

具体确定水的影子价格时，每一个投资项目对用水各自分别计算一般是没有必要的，可以直接采用在有关部门指导下由各水厂或各灌溉系统计算出来的结果，也可以采用每一个城市、地区水的影子价格加权平均确定。只有大型项目自身有水生产供应功能的才需要自己进行估算。

1.4 影子价格计算应用实例

1.4.1 影子价格在水资源价值理论测算中的应用

河海大学的袁汝华等从理论上用影子价格法对黄河流域水资源的价值进行了计算,下面就对他们的研究成果进行简要介绍。

在用影子价格法对黄河流域水资源的价值进行计算时,首先建立了流域资源优化配置模型。为了突出水资源的特点,使建模工作简化,假设满足以下3个条件,以便能用水资源优化配置模型代替资源配置模型:①除水资源之外的其他生产要素都得到充分利用;②水资源勘测、规划、开发、利用与管理中投入的费用是理性的,满足水资源优化配置、高效利用的宏观目标要求;③计算水资源在经济活动中产生的净效益时,所有生产要素成本均已扣除。这样计算出来的水资源的影子价格就近似于水资源的价值,满足计算要求。

第一步,将黄河流域进行分区。

根据影响水资源价值的因素分析,在黄河流域的不同河段,其水资源的数量与质量 、所处地区人口状况、经济状况等情况均不相同,水资源的价值自然也就不相同。因此,在计算黄河流域水资源价值时,首先将黄河流域进行分区。分区的主要原则是:①同一区段的社会经济状况基本相同,而与其他区段有较大差异;②同一区段农作物种植结构、工业布局及发展情况基本相似;③同一区段水资源情况基本相似,而与其他区段有较大差异。

根据分区原则,考虑水资源价值内涵的复杂性,将黄河流域分为4个河段。①河源—龙羊峡。该河段区域位于青藏高原东北部,农业集中于玛曲至龙羊峡区间的河谷台地上,工业不发达,无工业城市和大型矿区,只有一些县办工业;②龙羊峡—河口镇。该地区以农业为主,农牧并重,工业比较发达,有兰州、西宁、呼和浩特、银川等较大的工业城市及一些大型电站和一些工矿区;③河口镇—龙门。该地区工农业并不发达,但区内煤炭资源储藏丰富;④龙门—黄河河口。该地区不仅农业很发达,也是全流域最发达的工业地区,有西安、太原、洛阳、郑州、开封、济南等含有众多大中小型企业的城市以及胜利、中原两大油田和一些工矿区,与黄河水资源利用有着直接的联系。

第二步,进行相关参数的计算。主要是计算农业部门用水净效益系数和工业与生活用水净效益系数。

农业部门用水效益主要表现在农产品的灌溉增产量方面,对于灌溉增产量的计算,采用同一地区灌溉前后产量对比法。但是这样计算出来的灌溉增产量是水利设施与农业措施共同作用的结果,必须在水利与农业措施之间进行分摊。由于黄河流域幅员广阔,地形复杂,各省(区)自然和生产条件相差较大,因此灌溉分摊系数各省(区)也不尽相同。在计算中灌溉分摊系数是参考各省(区)有关成果选定的,由此计算出黄河流域主要农作物单位面积灌溉分摊增产量,然后以灌溉分摊增产量乘以各种农作物的价格便得到灌溉净效益。为了较为准确地计算灌溉水量与灌溉净效益之间的关系,在计算灌溉净效益时,也考虑了各种作物的耗水定额。由于各种农作物的耗水定额不同,即单位面积消耗的水量不同,单位面积灌溉净效益大的,并不意味着单方水所得的净效益大,因此将根据以上方法计算出的效益系数除以各种作物的耗水定额,并且假设各河段各种作物种植比例相同,就可以得到农业用水平均净效益系数。

工业与生活用水净效益系数即工业用水部门每立方米水所得的用水净效益,计算时用工业综合万元产值用水量的倒数乘以工业用水净效益分摊给用水部门的比例系数(即分摊系数),再乘以工业净效益与产值的综合比例系数,计算结果即为工业与生活用水净效益系数。工业综合万元产值用水量(根据取水量计算)以各河段冶金、机械、化工、轻纺、造纸、食品、建材、煤炭、电力、其他等各行业的产值为权重,以及这些行业的万元产值用水量综合计算。工业用水净效益分摊给用水部门的比例系数是采用黄河流域工业用水水费、工业用水量、工业总成本计算得出的;工业净效益与产值的比例系数参照有关文献、黄河流域各省统计资料综合确定为10%。生活用水效益由于很难量化,考虑到工业用水、生活用水一般采用同一供水系统,为简化计算,可以参照工业用水效益系数。

第三步，建立流域水资源优化分配模型。

在完成各部门的用水效益与用水量关系的计算基础上，以流域用水净效益最大为目标函数，以各用水部门用水上下限以及黄河流域可供水量为约束条件，建立黄河流域水资源优化分配模型如下：

$$\max Z = \sum_{j=1}^{4} e_{j农} w_{j农} + \sum_{j=1}^{4} e_{j工} w_{j工} + \sum_{j=1}^{4} e_{j生} w_{j生}$$

$$\text{s. t.} \begin{cases} d_{j农\min} \leqslant w_{j农} \leqslant d_{j农\max} \\ d_{j工\min} \leqslant w_{j工} \leqslant d_{j工\max} \\ d_{j生\min} \leqslant w_{j生} \leqslant d_{j生\max} \\ \sum_{j=1}^{n} (w_{j农} + w_{j工} + w_{j生}) \leqslant \sum_{j=1}^{n} Q \\ w_{j农}, w_{j工}, w_{j生} (j = 1,2,3,4) \geqslant 0 \end{cases}$$

式中：$d_{j农\max}$、$d_{j农\min}$ 分别为第 j 河段农业需水上、下限；$d_{j工\max}$、$d_{j工\min}$ 分别为第 j 河段工业需水上、下限；$d_{j生\max}$、$d_{j生\min}$ 分别为第 j 河段生活需水上、下限；Q_j 为第 j 河段地表可供水量；n 为从上游至下游的分段，分别取 1、2、3、4；Q 为地表水可供水量。

第四步，进行模型的计算。

根据线性规划原问题对应的对偶解的含义，即资源每增加一个单位时，在其他条件不变的情况下，引起目标函数值的增量，其数值即为对应资源的影子价格，亦称为资源的边际产出。它表示在其他资源不变的条件下，水资源在最优产出水平时所具有的社会价值。因此，可将上述水资源优化分配模型转变为对偶问题的解，即可计算出各用水部门的水资源影子价格。

经多次计算分析认为，考虑到黄河上、下游水资源利用的次序，仅用全流域现状优化用水（理想状态）约束，难以全面反映流域的实际情况和黄河上、下游用水关系，因此计算时采用 3 种方案计算，即现状有效用水方案（根据现状用水情况进行全流域水资源优化）、下限约束优化方案（保证全流域各用水部门基本用水进行优化）、上游充分用水优化方案。经计算第二种方案与第一种方案的优化结果一致，上游农业用水影子价格高于下游，工业用水影子价格第三河段最大，说明供水可以保证全流域各用水部门的基本用水。

因水资源上下游的连续性以及上游较下游用水的天然优先性，第三种方案又有 3 种情况，即在保证全河段用水下限的条件下，第一河段充分用水，第二、三、四河段不考虑；在保证全河段用水下限的条件下，第一、二河段充分用水，第三、四河段不考虑；第一、二、三河段充分用水，第四河段不考虑。经计算，第三种方案的水资源影子价格表现为：农业高于工业、生活，下游高于上游，充分用水高于限制用水。

根据以上各种方案的计算结果，把各种方案的用水效益目标作为权重进行汇总，即可计算得出黄河流域各河段水资源理论价值。

1.4.2　影子价格在电力企业经济分析中的应用

运用线形规划的对偶理论进行影子价格的计算，在企业活动分析中有着重要的作用。运用线形规划模型时，需要构建不同的"资源"和"产品"的约束条件，由于"电力"这种产品不像实物产品那样有明显的外貌、严格的规格，它是看不见摸不着的同质无差别的无形产品，所以在供电企业应用线性规划理论时，不同的学者则提出了不同的解决方法。哈尔滨工程大学的赵金楼等通过核算单位的关口电能表的计量值来区分各个不同的"原料" 和"产品" 。下面就对他们的研究进行简单介绍。

【例 1-4】　已知某供电企业经营计划归纳成线性规划模型如下（数据是虚拟的，以便计算和说明）：

求 $\max f = 100x_1 + 120x_2$（销售收入单位：元）

$$\text{满足}\begin{cases} 12x_1 + 10x_2 \leqslant 900 & ① \\ 20x_1 + 25x_2 \leqslant 2\ 100 & ② \\ x_1 \geqslant 0, x_2 \geqslant 0 & ③ \end{cases}$$

其中①表示用甲电厂的电量；②表示用乙电厂的电量；③售电量单位：kWh。试讨论：用甲、乙电厂电量的影子价格。

对这个线性规划问题用单纯形法求解出单纯形法最终表,见表1-3。

表1-3 单纯形法最终表

C_B	x_B \ C_j	100	120	0	0	常数
	x_j	x_1	x_2	x_3	x_4	
100	x_1	1	0	1/4	-1/10	15
120	x_2	0	1	-1/5	3/25	27
检验数		0	0	1	22/5	10 140

松弛变量所对应的检验数即为对偶问题的最优解,也就是向发电厂购电量的影子价格。所以,用甲电厂的影子价格为每千瓦时1元,即在最优基不变的条件下,每增加1kWh的用电量总销售收入可增加1元。用乙厂的影子价格为每千瓦时4.4元,即在最优基不变的条件下,每增加1kWh电总销售收入可增加4.4元。

发电厂的电价是已知数,相对比较稳定,而它的影子价格则有赖于电量的利用情况,是未知数,是一种机会成本,它可以告诉管理人员,增加购买哪个电厂的电量对增加经济收益最有利。如例1-4中的甲、乙两种影子价格(1,4.4),说明决策者首先应考虑增加对乙厂的购电量,因为相比之下它能给销售收入带来更大的贡献。同时,影子价格还可以告诉管理者,付出多大的代价来增加购电量才是合算的。当市场价格低于影子价格时,企业可以买进这个发电厂的电量,进行扩大再生产;相反,当市场价格高于影子价格时,企业就会卖出或减少购买这个发电厂的电量,缩小生产规模。随着电量的买进卖出,它们的影子价格也随之发生变化,直到影子价格与市场价格保持同等水平时,才处于平衡状态。如例1-4中乙厂的电量每增加1kWh能使销售收入增加4.4元,如果增加1kWh电的代价大于4.4元,就不合算了。

一般来说对线性规划的原始问题的求解是确定各电厂购电最优分配方案,而对对偶问题的求解则是确定对所购电量的恰当估计,这种估价直接涉及电量的最有效利用。在购电的分配问题中,由于各种电量对总收入的贡献并不一样，因此企业往往给各种发电厂规定一个内部结算价格（即购电的影子价格）用以反映该资源对总收入贡献的大小。使用影子价格作为企业内部的结算价格，其目的主要是用于衡量企业及其各部门经营管理的好坏，也便于控制电量的使用。

利用影子价格还可以考虑新产品的定价。如上面例题中供电企业遇有一批计划外任务，据测算（通过关口电能表计量比例）每个新用户需用甲电厂 2kWh 电，乙电厂 5kWh 电，而每个用户缴纳费用为 30 元，不考虑其他因素，是否应该接受任务？

由于每个用户以影子价格计算为 $1\times2+4.4\times5=24$（元），所以每个用户价格只要大于 24 元，就会增加企业的收益，如低于 24 元的话，生产是不合算的。所以，可以接受该计划外任务。

第 2 章　综合利用项目的投资分摊

2.1　投资分摊的基本概念

2.1.1　投资

工程投资是指工程项目全部完成达到设计要求时所需付出的全部资金，即花费在工程建设上的全部活劳动和物化劳动的总和。

工程项目的投资，一般情况下可分为以下几项：①永久性工程的投资，包括主体工程建筑物、附属工程建筑物以及配套工程的投资，设备购置和安装费用；②临时性工程的投资；③其他投资，包括移民安置、淹没和浸没、挖压占地赔偿费用，处理工程的不利影响、保护或改善生态环境所需的投资，勘测、规划、设计和科学试验等前期费用，生产用具的购置费用，建设单位的管理费用，生产职工的培训费用，预备费和其他必需的投资等。

为了计量的需要，也可将工程投资划分为直接投资和间接投资两部分：①直接投资，是指花费在主要工程上的投资；②间接投资，是指花费在为修建工程的辅助设施上的投资，如动力设施、道路和交通运输工具、施工机械、给排水工程、供电及通信设备、仓库及管理机构和其他生活福利设施等公用设施等方面的投资。

此外，在工程项目建设的总投资中，有时还包括一部分相关投资，即指花费在与新建工程项目有关的企业或部门的投资。例如为兴建水利水电工程的需要，必须给有关部门提供部分投资以扩大动力、燃料的供应或改善交通运输条件等。

在投资分摊计算中，常对综合利用项目的投资进行分类，如专用工程投资和共用工程投资，可分投资和剩余投资等。

2.1.1.1　专用工程投资和共用工程投资

对于大型综合利用工程项目,通常包括各个受益部门共用的工程以及各个受益部门的专用工程,如水利工程中水库、大坝、泄洪建筑物等属于共用工程,而灌溉干渠的取水建筑物、水电站的进水口、压力管道及厂房、过船建筑物及供水部门的取水建筑物等就属于专用工程。因此,工程的投资构成一般也分为共用工程投资和各个部门专用工程投资两部分,可用下式表示:

$$K_{综} = K_{共} + \sum_{j=1}^{n} K_{专j} \tag{2-1}$$

式中:$K_{综}$ 表示工程总投资;$K_{共}$ 表示各部门共用工程的投资以及应该由各获利部门共同负担的投资;$K_{专j}$ 表示第 j 部门的专用工程投资;n 表示有专用工程投资的部门的数目。

2.1.1.2　可分投资和剩余投资

为了满足投资分摊的需要,除了将工程的总投资划分为共用工程投资和专用工程投资,通常还把工程的总投资划分为可分投资 $K_{分}$ 和剩余投资 $K_{剩}$ 两大部分,其表达式为:

$$K_{综} = K_{剩} + \sum_{j=1}^{n} K_{分j} \tag{2-2}$$

剩余投资是共用工程总投资与各部门可分离投资之和的差额。

第 j 部门的可分投资 $K_{分j}$ 是工程项目中包括第 j 部门和不包括第 j 部门时的总投资的差额。显然,某一部门的可分投资要比其专用投资大一些。这是因为项目中不包括第 j 部门时,除该部门的专用工程投资不必列入,共用工程投资也相应减少,如大坝可做得低一些、水库淹没范围小一些,这样,大坝和水库的移民征地投资均可减少,减少的那部分投资就计入第 j 部门的可分投资中。应该指出的是,第 j 部门的可分投资应为 $K_{分j} = K_{综}^{n} - K_{综}^{n-1}$,$K_{综}^{n-1}$ 是不包括第 j 部门时的综合(有 $n-1$ 个部门)投资,它应有 n 个数值。为了正确计算 $K_{综}^{n-1}$ 的值,应对项目布置和共用工程尺寸作相应的调整。特别要注意的是,当有些受益部门如第 j 部门和第 j' 部门之间有共用工程(如取水口、引水建筑物)时,则项目中不包括第 j 部门时,应重新确定第 j' 部门的各有关工程尺寸,然后根据调整后的项目布局和工程尺寸计算工程量和相应的投资。

2.1.2 效益

工程项目的经济效益是指工程建成投入管理运用后所能获得的经济效益。在我国,综合利用工程的效益主要包括社会经济效益和当事者的经济效益两个方面。社会经济效益,是指工程建成以后对整个国民经济全局的影响,从而为全社会提供经济效益,增加国民收入。例如修建了灌溉工程,可以使整个灌区获得水量,从而促进和提高农业产量,增加了农业总产值,也即增加了国民收益,使全社会受益;修建供水工程,为城市提供用水,发展工业生产,为居民提供用水,提高人民生活水平。社会效益主要是从国民经济的全局观点出发,所以也称宏观经济效益。当事者的经济效益,或称经济管理效益,是指工程建成投入管理运营后,由于工程本身所发挥的功能,经营管理单位可以获得一定的经济效益。如灌溉和供水工程管理单位为农业、工业和城市提供了水量,从而可以获得水费收入;水力发电厂为工农业及城市居民提供了电量,可以获得电费收入。此外,经营管理单位还可以充分利用自身的水土资源和技术设备优势,开展综合经营,从而获得相应的收益。由于当事者的经济效益是从一个具体的管理单位出发来考虑其收益,所以也称微观经济效益。

综合利用项目的经济效益还可以划分为直接效益和间接效益。但对这两种效益有不同的理解。一种观点认为直接效益就是经营管理效益,即包括主营产品的销售收入和管理单位的多种经营收入;间接效益即是社会经济效益。另一种观点认为直接效益是指综合利用工程项目直接提供的产品的多少,如灌溉、供水工程提供的水量,水力发电工程提供的发电量的多少;而间接效益是指提供水量以后,促进了这个地区因作物增产而使农产品加工业(如食品工业、棉纺工业)、商业、运输业等的发展,以及人民生活水平的提高,提供电力以后对受益地区工农业发展所起的作用等。上述两种观点都有一定的道理,但也存在着缺陷。第一种观点概念明确,但具体计算起来难以准确计量社会经济效益。第二种观点便于计算,但对间接效益的范围定义过大,容易使计算结果偏大。

综合利用项目的经济效益还可以分为有形效益和无形效益。一般认为,有形效益是可以用实物指标或货币指标来表示的效益;无形效益是不能用货币来计量的效益。例如修建水库,发展了灌溉和水电,增加的农作物产量以及利用水力发电带来的效益,都可以换算成货币来表示其效益的大小;而水库修建后,美化了周围环境,有利于居民的身心健康,这种无形效益是难以用货币计量的。

在兴建综合利用项目过程中,由于改变环境影响生态,如果处理不当,有时也会带来不利影响,产生负效益。如修建水库后,由于库区水体的巨大负荷,可能诱发地震;修建大坝或引水工程后,可能引起环境疾病的流行等。由于综合利用项目的修建而对国民经济造成的负面影响,在计算综合利用项目效益时应该扣除。

总之,在计算综合利用项目的效益时要综合考虑各方面影响因素,既要确认正效益,也不能忽视负效益。

综合利用项目投资分摊中考虑的效益是指该开发方案各受益部门的效益总和。公式表达如下:

$$B_i = \sum_{j=1}^{n} B_{ji} - \sum_{t=1}^{m} B_{ti} \tag{2-3}$$

式中:B_i 为第 i 年综合利用项目的总体效益; B_{ji}为第 i 年的第 j 受益部门的效益; B_{ti}为第 i 年可能产生的负效益,常可将从工程开始建设至经济计算期结果为止的负效益现值折算成年值进行计算;n 为综合利用项目受益部门的总数目;m 为可能产生负效益的部门的总数目。

若部门间的效益有一部分是重复的,则综合利用项目的总效益 B_i 不能简单相加,要剔除其重复部分。

各个部门的投资总额应是各部门专用工程投资、共用工程的分摊投资以及补偿某一受害部门所需的工程投资在部门间的分摊值之和,计算公式如下:

$$K_{ji} = K_{jzi} + K_{jbi} + K_{jmi} \tag{2-4}$$

式中:K_{ji}表示第 j 受益部门第 i 年的总投资额;K_{jzi}表示第 j 受益部门第 i 年专用工程的年投资额;K_{jbi} 表示第 j 受益部门第 i 年对综合利用项目

共用工程分摊后应负担的分摊投资；K_{jmi}表示第j受益部门在第i年分担的补偿受害部门的投资额。

需要注意的是，在补偿受害部门的投资中如果还含有超过原有效益的投资，则其超过的投资额应由原部门单独承担，综合利用项目不予负担。

如果兴建综合利用项目后，由于各种自然或经济条件的限制，使某些受害部门的效益不可能进行补偿，则受害部门的效益应作为负效益，在效益计算中扣除。在计算方法上究竟采用补偿投资或扣除负效益方式，应视具体情况分析确定，但要避免遗漏或重复。

在某些综合利用项目中，有些专用工程本身也具有共用工程的作用（如河床式水电站的厂房，它同时又起拦河大坝的作用），对这类具有综合作用的工程投资也应在部门之间进行分摊。一般是把其中替代共用工程的相应投资分出来，由各受益部门（包括该专用部门）分摊，其余投资则由该专用工程承担。

2.2 综合利用项目投资分摊的计算方法

2.2.1 综合利用项目投资分摊类型

按照被分摊投资的不同，综合利用项目投资分摊方法可分为按比例分摊综合利用项目的总投资、按比例分摊综合利用项目共用工程的投资和按比例分摊综合利用项目的剩余投资三类。

(1)按比例分摊综合利用项目的总投资。按比例分摊综合利用项目的总投资时，确定分摊系数的方法很多，最常见的是按效益比例确定。用这类分摊方法分摊受益部门本身的投资尚可以，如果用来分摊综合利用项目的总投资，就可能把某些受益部门专用工程的投资按比例分摊到其他部门去，得出不合理的结论。

(2)按比例分摊综合利用项目共用工程的投资。各部门分摊的投资额等于本部门专用工程投资加上分摊得到的共用工程投资之和。分摊系数的确定方法或者说具体的分摊方法有很多种，如综合利用水利工程常按各部门所用水量或库容比例分摊、按效益比例分摊等。

(3)按比例分摊综合利用项目的剩余投资。按比例分摊综合利用项目的剩余投资时,分摊系数的确定方法也有许多种。由于可分投资一般是总投资中的大部分,剩余投资占的份额较少,因此虽然分摊系数用不同方法确定时有较大差别,但对成果影响较小。这种方法的不足之处是计算可分投资的工作量很大。在上述三大类分摊方法中,具体又包括平均分摊法、主次分摊法、指标系数分摊法、替代方案投资比例分摊法、效益比例分摊法、分离费用—剩余效益分摊法、抵偿年限分摊法等。下面就分别对一些常用分摊方法进行论述。

2.2.1.1　平均分摊法

平均分摊法是由各受益部门平均分摊共用工程的投资,其公式表示为:

$$K_j = \frac{K}{n} \tag{2-5}$$

式中:K 为综合利用项目中共用工程的总投资;n 为受益部门数目;K_j 为第 j 部门应承担的共用工程投资;j 为受益部门代号,$j=1,2,3,\cdots,n$。

这种分摊方法计算简便,但往往对各受益部门不够公平合理,容易使受益较少的部门承担多余的投资。只有在各部门对工程的需求和效益相近的情况下,这种办法才是可行的。

2.2.1.2　主次分摊法

当一个综合利用项目各部分的主次关系明显,其主要功能获得的效益占工程总效益的比例很大时,可由工程主要功能承担全部共用工程投资或剩余投资,次要功能只承担其专用工程投资或其可分投资。这种方法称为主次分摊法。该方法的特点是按工程担负任务的主次来进行分摊,即主要部门负担单独举办等效替代工程的投资,次要部门负担增加的投资,附属部门负担共用工程的投资。

2.2.1.3　指标系数分摊法

指标系数分摊法是一种综合利用项目功能的某些指标(如水利工程利用的水量、需要或分配的库容)的比例进行投资分摊的方法。利用指标量多的部门,承担的投资份额大;反之,承担的投资份额小一些,如根据防洪与兴利库容比例分摊水利工程防洪与兴利部门之间的投资等。其公式可表达为：

$$K_j = K \cdot (V_j / \sum_{j=1}^{n} V_j) \tag{2-6}$$

或

$$K_j = K \cdot (W_j / \sum_{j=1}^{n} W_j) \tag{2-7}$$

式中：V_j 为第 j 受益部门占有综合利用项目的某一指标的量；$\sum_{j=1}^{n} V_j$ 为各受益部门占有某一指标的总和；W_j 为第 j 部门需综合利用项目提供的年指标量；$\sum_{j=1}^{n} W_j$ 为各受益部门需综合利用项目提供的指标总量；K 为综合利用水利工程中共用工程的总投资；n 为受益部门数目；K_j 为第 j 部门应承担的共用工程投资；j 为受益部门代号。

这种分摊方法具有一定的合理性，一般常在中、小型综合利用水利工程中采用。

2.2.1.4　替代方案投资比例分摊法

替代方案投资比例分摊法是以各部门最优等效替代方案投资的比例作为各受益部门分摊投资的比例系数。该方法的出发点是：最优替代方案费用最大的部门应多负担工程投资。可用公式表示为：

$$K_j = K \cdot (D_j / \sum_{j=1}^{n} D_j) \tag{2-8}$$

式中：K_j 为第 j 部门应承担的共用工程投资；K 为综合利用项目中共用工程的总投资；D_j 为第 j 部门最优等效替代工程的投资；$\sum_{j=1}^{n} D_j$ 为各受益部门最优等效替代工程投资的总和；n 为受益部门的数目；j 为受益部门代号。

这里所说的最优等效替代工程，可以是在同一地区内，兴建专为某一受益部门服务的单目标工程；也可以是在不同地点，用不同工程措施兴建达到同样效果的工程。如对于灌溉工程可以修建水库，可以直接从河道提水灌溉，也可以打井利用地下水等；对于发电工程可以修建抽水蓄能电站或火电站等；对于防洪工程，可以在河流上修建水库，可以在河道两岸修筑、加高堤防，也可以在适当地方修建分洪区，以便在洪水来临时滞蓄洪水,削减洪峰。但替代工程必须是合理可行的,在经济上又是最优的。

采用该方法最大的困难在于需要进行最优等效替代方案的设计,以估算各部门的最优等效替代方案的投资。这项工作牵涉面广,工作量大,而且往往需要有关部门的密切配合。有时因条件限制,估算的替代方案的投资费用可靠性较差,这将直接影响采用替代方案费用比例分摊法分摊投资的效果。

2.2.1.5　效益比例分摊法

效益比例分摊法是将投资分摊与各部门获得的效益大小挂钩,效益大则多分摊投资,效益小则少分摊投资。

该方法主要根据项目各受益部门在经济分析期内折算的效益现值(或效益年值),与该项目各部门效益现值(或效益年值)的总和的比例来分摊共用工程的投资,其计算公式可表示为:

$$K_j = K \cdot B_j / (\sum_{j=1}^{n} B_j) \tag{2-9}$$

式中:K_j 为第 j 个受益部门的分摊投资;B_j 为第 j 个受益部门在经济分析期内的效益现值(或效益年值);$\sum_{j=1}^{n} B_j$ 为各受益部门在经济分析期内的效益现值(或效益年值)的总和。

在研究各受益部门的投资比例时,用这种分摊方法较为合适。但用这种方法,有时可能使效益小而实际占用投资大的部门掩盖了它在经济上没有开发价值的真相,从而违背了公平分配的原则,这是必须注意防止的。

2.2.1.6　分离费用—剩余效益法

分离费用—剩余效益法,简称剩余效益法。这种方法是先分别估算出分离费用(如仅进行投资分摊则只需考虑投资,不考虑运行费),再根据剩余效益的比例分摊剩余投资。计算各部门效益的方法有两种:①工程修建后与修建前相比能获得的实际效益,如发电部门的电费收入增加等;②具有同等效益的最优替代措施的年投资,例如修建水电站,可以替代相应规模的火电站,使火电站的年投资节省下来,可用节省的年投资作为修建水电站的年效益。

剩余效益法首先以按上述两种方法算出的各部门效益的最小值作为计算效益,然后将计算效益减去可分离投资求出剩余效益,最后按剩余效益的比例分摊工程的剩余投资。

1)相关名词

(1)可分离投资。综合利用项目中共用工程的总投资减去不包括某一部门在内的共用工程投资,其差值即为该部门的可分离投资。可用公式表示为:

$$K_{jd} = \sum_{i=1}^{m} K_i - K_R \tag{2-10}$$

式中:K_{jd}为第 j 部门的可分离投资现值;K_i 为综合利用项目中共用工程第 i 年的投资现值;$\sum_{i=1}^{m} K_i$ 为综合利用项目中共用工程的总投资现值;K_R 为不包括 j 部门在内的综合利用项目中共用工程的总投资现值;n 为受益的部门数目;j 为受益部门序号;m 为投资年限。

(2)剩余效益。以某一受益部门的极限投资和最优等效替代工程投资中的较小者作为合适投资,然后减去该部门的可分离投资,即为剩余效益。其计算公式为:

$$B_{js} = K_{ja} - K_{jd} \tag{2-11}$$

式中:B_{js}为第 j 部门的剩余效益现值; K_{ja}为第 j 部门的合适投资现值。

在实际应用时,一般都直接以第 j 部门的工程效益作为极限投资,并和第 j 部门最优等效替代工程投资相比较,其较小值即为式中的 K_{ja}。

2)投资分摊计算步骤

(1)按式(2-10)估算各受益部门的可分离投资现值和共同投资现值。

(2)计算各受益部门的合理投资和等效替代工程投资,其中较小者即为合适投资 K_{ja}。

(3)计算剩余效益现值:

剩余效益现值 = 合理替代投资现值 − 可分离投资现值

(4)按剩余效益的比例分摊共同投资现值：

$$K_{jt} = K_{jo} \cdot B_{js} / (\sum_{j=1}^{n} B_{js}) \tag{2-12}$$

式中：K_{jt}为第j部门应分摊的工程共同投资现值；K_{jo}为综合利用项目共同投资现值，计算公式：$K_{jo} = \sum_{j=1}^{m} K_i - \sum_{j=1}^{n} K_{jd}$；$\sum_{j=1}^{n} B_{js}$为$n$个受益部门剩余效益的总和。

(5)可分离投资现值与分摊的共同投资之和即为各部门应分摊投资：

$$K_{jtt} = K_{jt} + K_{jd} \tag{2-13}$$

式中：K_{jtt}为第j部门应分摊共用工程的投资现值；其他符号意义同前。

(6)计算各部门应负担的投资现值：

$$K_j = K_{jtt} + K_{jss} \tag{2-14}$$

式中：K_{jss}为第j部门专用工程的投资现值。

为避免确定最优等效替代工程的困难，在实际计算中也可直接以可分离投资的比例去分摊共用工程的投资，称为可分离投资法。

由于投资分摊问题比较复杂，对综合利用项目可以采用多种方法进行分摊计算，但由于各种分摊方法的分摊系数并不相同，因此很难以某一种方法作为分摊的依据。具体应在哪些部门之间分摊，采用什么样的分摊方法，需要结合工程项目的实际情况作深入分析研究后确定。为使分摊结果比较合理，容易被受益部门或地区所接受，可同时选用较好的几种分摊方法进行计算，综合确定各部门应承担的投资额。还要注意，仅为某几项功能服务的工程设施，可先将这几项功能视为一个整体，参与共用工程投资的分摊，再将分得的投资在这几项功能之间进行分摊。

2.2.2　多人合作对策理论在投资分摊中的应用

2.2.2.1　对策论简介

在现实世界中，到处都可以看到具有竞争、冲突性质的现象，如日常生活中的下棋、打桥牌、赛球，国际上的军事、政治、贸易等方面的竞争、冲突都属于这类现象。对策论(Game theory)就是利用数学方法来研究竞争问题的理论。

早在20世纪初期,已有人用数学方法研究竞争问题,但所研究的多为游戏中的竞争问题,研究方向比较零散,应用价值不大。1944年,冯·诺伊曼和摩根斯特恩发表了《对策论与经济行为》一书,才使对策论的研究系统化、公理化,并开始和经济学有了紧密联系。进入20世纪80年代后期以来,对策论已经成为经济学研究的重要理论工具。

根据参与对策联盟中的局中人的多少,可以把对策分为二人对策、多人对策;根据局中人参与联盟时处理问题的方式,又可把对策分为非合作对策和合作对策。以下仅对多人合作对策加以介绍。

1)多人合作对策的概念

$\langle N,V\rangle$或$\langle N,C\rangle$表示一个n人对策;

$N=\{1,2,\cdots,n\}$表示对策的局中人集合;

$V(S)$或$C(S)$表示多人对策的特征函数。

对于分配问题可建立相应的对策模型:$\langle N,V\rangle$或$\langle N,C\rangle$,其中,N是参加分配(分摊)单位的集合;特征函数$V(S)$和$C(S)$分别表示参加分配(分摊)的局中人形成联盟时的收益和费用;$V(N)$和$C(N)$分别表示全体局中人形成大联盟时的总收益和总费用。

一般分配问题的对策模型,其特征函数具有超可加性,即对于S,$T\in N$,$S\cap T=\varnothing$,有:

$$V(S\cup T)\geqslant V(S)+V(T)$$

$$C(S\cup T)\leqslant C(S)+C(T)$$

前一式的经济意义为:局中人参加联盟后的总收益不应少于各自单干收益的和;后一式的经济意义为:局中人参加联盟后的总费用不应大于各自单干费用的和。分配问题的实质就是如何在各成员(局中人)之间合理分配总利润$V(N)$或合理分摊总费用$C(N)$。

设$X=(x_1,x_2,\cdots,x_n)$是各成员间的一个分配方案,成员i分配得x_i。如果这个分配是合理的,它至少应满足下列两个条件:

(1)$x_i\geqslant V(i)$或$x_i\leqslant C(i)$,即个人合理性;

(2) $\sum_{i=1}^{n} x_i = V(N)$ 或 $\sum_{i=1}^{n} x_i = C(N)$，即整体合理性。

2) 多人合作对策模型的求解方法

对于多人合作对策模型近年来已经出现了一些有效的解法，如稳集法(stable set)、核心法(core)、shaply 值法，以及 20 世纪 80 年代初出现的 τ 值法等。

多人对策的各种解法都是在至少满足个人合理性条件和整体合理性条件的分配集中，按某种法则(角度)去选择一个"最优"的分配方案。

例如，sharply 值法就是按局中人边际收入(或费用)的期望值进行分配，而 τ 值法则是首先确定分配向量的上下界向量：

$$L \leqslant X \leqslant U$$

其中：

$$U = (u_1, u_2, \cdots, u_n)$$

$$L = (l_1, l_2, \cdots, l_n)$$

然后把点 U 与 L 连线与超平面 $\sum_{i=1}^{n} x_i = V(N)$ 的交点 X^* 作为解值，即由：

$$X = L + \lambda(U - L)$$

$$\sum_{i=1}^{n} x_i = V(N)$$

求解而得。

3) 多人对策二次规划求解方法

由于上述这种允许合作的分配问题具有不确定性，所以从理论上讲并不存在一个唯一的最优、最合理的分配方案。多人对策的二次规划求解方法吸收了核心法(core)和 τ 值法的优点，结合多目标决策的目标理想点法，使用二次规划方法(QP)计算出"最优"分配方案。它的具体步骤如下：

(1) 首先确定一个理想分配(分摊)向量 U：

$$U = (u_1, u_2, \cdots, u_n)$$

其中 $u_i (i = 1, 2, \cdots, n)$ 为局中人的理想分配(分摊)数，u_i 按下式计算：

$$u_i = V(N) - V(N - i)$$

或
$$u_i = C(N) - C(N - i)$$

即把局中人 i 在大联盟中的边际值(可分离投资或费用)作为理想分配(分摊)值。

(2)建立一个二次规划模型来求解最优分配(分摊)值,即求解:

$$\min Z = \sum_{i=1}^{n} (x_i - u_i)^2$$

$$\text{s.t.} \begin{cases} \sum_{i=1}^{n} x_i = V(N) \\ \sum_{i \in S} x_i \geqslant V(S) \end{cases} \quad S \in 2^n$$

或
$$\min Z = \sum_{i=1}^{n} (x_i - u_i)^2$$

$$\text{s.t.} \begin{cases} \sum_{i=1}^{n} x_i = C(N) \\ \sum_{i \in S} x_i \leqslant C(N) \end{cases} \quad S \in 2^n$$

(3)若步骤二的二次规划问题判断无可行解,则按如下步骤求解

:
$$\min \varepsilon$$

$$\text{s.t.} \begin{cases} \sum_{i=1}^{n} x_i = V(N) \\ \sum_{i \in S} x_i \geqslant V(S) - \varepsilon \\ x_i \geqslant V(i) \end{cases}$$

或
$$\min \varepsilon$$

$$\text{s.t.} \begin{cases} \sum_{i=1}^{n} x_i = C(N) \\ \sum_{i \in S} x_i \leqslant C(N) + \varepsilon \\ x_i \leqslant C(i) \end{cases}$$

然后置:

$$V(S) - \varepsilon^* \to V(S) \text{ 或 } C(S) + \varepsilon^* \to C(S)$$

转步骤二求解分配值 X^*,得分配方案:

$$X^* = (x_1^*, x_2^*, \cdots, x_n^*)$$

该方案满足个人合理性与整体合理性,同时从距离上讲它离理想分配向量最近,因此是一个“最优”分配方案。

在实际分配中,每个局中人总希望分配的利润越多越好。分配问题的求解即在下列多目标规划的有效解中,按某种准则去选择一个最优解:

$$\max F(x) = \begin{bmatrix} f_1(x) = x_1 \\ f_2(x) = x_2 \\ \vdots \\ f_n(x) = x_n \end{bmatrix}$$

$$\text{s. t.} \begin{cases} \sum_{i=1}^{n} x_i = V(N) \\ x_i \geqslant V(i) \end{cases} \tag{2-15}$$

2.2.2.2　多人合作对策在综合利用项目投资分摊中的引进

对策论在经济学中的一个重要应用就是解决经济生活中的一些投资费用的分摊或分配问题。分配问题是常见的经济问题之一,在实际经济活动中常常会遇到各种各样的分配问题。一个联营生产体如何在各成员之间合理分配联营所得利润;国家为改善发电、防洪、灌溉和洪水状况而兴建的综合水利工程的投资费用,如何由从此工程中受益的地区和部门共同分摊;一个企业破产后,如何在各债权人之间合理分配破产企业的尚留资产;等等。这些均是经济活动中典型的分配问题。此种问题基本上可分为两大类:一类是需共同负担的费用应如何在各成员间合理分摊;另一类是共同的利润如何在各成员间合理分配。这些问题的核心是费用或利润是怎样公平、合理地在各成员间分配或分摊。

综合利用项目的投资分摊研究需要解决的问题是如何在使各收益部门在获得尽可能大的效益的同时承担尽可能少的投资费用。这和对策论在经济生活中投资费用分摊上的应用相类似。因此,我国的一些学者在 20 世纪 90 年代后期便开始将多人合作对策理论应用于综合利用项目投资分摊的研究中，并取得了一些进展，提出了一些新的解法。本文在前人已有的研究成果的基础上，利用桃林口水库的实际数据对其进行验证，对多人合作对策方法在综合利用项目投资分摊中的运用进行了分析评价，对其可行性进行了探索。

1）多人合作对策（n – person cooperation game theory）投资分摊的基本模型

对于投资分摊问题可建立相应的对策模型$\langle N,V\rangle$或$\langle N,C\rangle$，N是参加分摊的单位的集合，特征函数$V(S)$和$C(S)$分别表示参加分摊的各受益部门共同参与综合利用项目的兴建时的收益和投资；$V(N)$和$C(N)$表示各受益部门的总收益和总投资。

运用多人合作对策对综合利用项目进行投资分摊问题的实质就是如何在各受益部门（局中人）之间合理分摊总投资$C(N)$。

设$X=(x_1,x_2,\cdots,x_n)$是各受益部门间的一个分摊方案，部门i分摊得x_i。如果这个分摊是合理的，它至少应满足下列两个条件：①个人合理性，即$x_i\leqslant V(i)$或$x_i\leqslant C(i)$，意指某受益部门分摊的投资应小于其未来的收益或其单独建设等效替代工程时的投资；②整体合理性，即$\sum_{i=1}^{n}x_i=V(N)$或$\sum_{i=1}^{n}x_i=C(N)$，意指各受益部门分摊的投资的总和应等于综合利用项目总投资。

对于综合利用项目投资分摊问题，可以建立一个相应的多人合作对策模型$\langle N,C\rangle$，其中$N=\{1,2,\cdots,n\}$——局中人集合，即参与分摊的各受益部门集合；$C(S)$——对策的特征函数，它表示若干部门结成一个联盟S（即共同兴建某一综合利用水利工程）时，这些部门应分摊的投资，即可满足多项功能的综合利用项目的各受益部门应分摊的投资。

若$C(N)$为总投资，$C(\varnothing)=0$；由于特征函数一般满足超可加性，即有：

$$C(S\cup T)\leqslant C(S)+C(T) \tag{2-16}$$

其经济含义是结成联盟后分摊的投资不大于不结盟时的各自投资之和。

2)模型求解

建立对策模型后,投资分摊问题就转化为多人对策的求解问题,即寻找一个合理的分摊方案:

$$X = (x_1, x_2, \cdots, x_n)$$

其中 x_i 表示各部门应承担的投资。

建立投资问题对策模型的关键在于如何建立对策模型的特征函数 $C(S)$。这个问题一般来讲是比较复杂的,需要有关部门进行详尽的分析和估算。一般计算投资分摊模型的特征函数时,可粗略地分为以下几个步骤:

第一步,确定能从投资工程项目中受益的部门,分析估算各部门能从工程项目中得到的效益(以下计算均按一定经济计算期和一定折现率折现)。

第二步,分析估算各部门能获得等同效益的替代方案之投资。一般从各替代方案中选择投资值较小者作为 $C(i)$ 值。从合作的角度上看,即是 i 部门不参加联盟单独进行建设时的投资。

第三步,分析估算各部门及各联盟的可分离投资,即由总投资减去某个部门或某个联盟不参加工程时的投资。若用 $D(S)$ 表示若干部门结成联盟 S 的可分离投资,则有:

$$D(S) = C(N) - D(N - S) \tag{2-17}$$

其中:$C(N)$ 为工程总投资;$C(\varnothing) = 0$ 为空集;$D(N - S)$ 为不包括某个受益部门的工程投资。

2.3　投资分摊在综合利用建设项目经济评价中的运用

为了提高资金的使用效率,加强对综合利用项目的经济评价是项目建设和管理过程中必不可少的环节,具有重要的理论意义和实践价值。综合利用项目投资分摊是综合利用项目经济评价的一个重要组成部分,下面以桃林口水库为例介绍如何在项目经济评价中进行投资分摊的计算。

2.3.1　桃林口水库工程简介

2.3.1.1　桃林口水库工程概况

桃林口水库为滦河中下游水资源开发骨干工程，是引滦济津工程调水给天津后，为解决滦河中下游地区工农业用水困难，中央给河北省的补偿工程。水库主要任务为调节青龙河径流，供秦皇岛市城市用水和滦河中下游农业灌溉用水，结合供水发电，并起到部分削减洪峰的作用。水库坝址位于秦皇岛市青龙县附近的滦河中下游，坝址控制流域面积5 060km^2，年平均径流量9.60亿m^3。

工程规划分两期建设。一期工程主要解决秦皇岛市城市用水和滦河中下游农业灌溉用水。桃林口水库最大坝长500m，坝顶高程146.5m，最大坝高74.5m，正常蓄水位143.4m，总库容8.59亿m^3，兴利库容7.09亿m^3，75%、95%保证率调节水量分别为7.02亿m^{3}和3.32亿m^3，多年平均调节水量6.33亿m^3，每年可为秦皇岛市供水1.75亿m^3，为卢龙县工业供水0.07亿m^3，其余供滦河中下游灌区农业灌溉用水，可改善灌溉面积120万亩(8万hm^2)。水电站装机容量20MW，设计年发电量6 280万kWh。二期工程达到最终规模，设计坝顶高程162.1m，最大坝高95.1m。水利枢纽布置考虑了一期与二期工程在结合方面的要求。

桃林口水库一期工程属于大二型水库，大坝为Ⅱ级建筑物，100年一遇洪水设计，1 000年一遇洪水校核。枢纽工程由左、右岸拦河工程、表孔溢洪道工程、底孔泄水工程、电站引水工程、发电工程、升压变电工程、观测工程及房屋建筑物和其他附属工程组成。工程总投资为174 065.67万元，其中，主体工程投资120 496万元全部由国家拨款，水库淹没处理投资53 569.67万元由河北省安排。

一期工程淹没及影响范围均在青龙满族自治县境内，涉及4个区、8个乡、36个行政村、104个自然村，搬迁人口39 304人。征地面积为21.84万亩(1亩=0.067hm^2)，其中耕地3.22万亩，园地2.18万亩，林地3.35万亩，居民点及工矿用地0.74万亩，交通用地0.13万亩，水域2.61万亩，未利用土地9.61万亩。

桃林口水库主体工程于1992年11月20日正式开工,1993年完成导流隧洞及围堰工程、坝基土石方和临时工程,1994年开始坝体混凝土浇注,1998年一期主体工程竣工,2000年通过水利部组织的竣工验收,正式交付管理单位投入运行。

2000年5月桃林口水库工程进行了竣工决算,工程实际完成投资174 065.67万元(包括待核销资产及移交其他单位固定资产投资2 684.75万元),其中建筑工程投资81 174.08万元,安装工程投资1 760.73万元,设备投资9 902.13万元,其他费用70 721.48万元(含移民补偿费53 569.67万元),包干节余10 507.25万元。具体投资情况见表2-1、表2-2。

表2-1　桃林口水库分类资产一览表　(单位:万元)

资产类型	资产价值
固定资产	160 468.56
流动资产	621.14
无形资产	11 040.95
递延资产	586.93
核销资产	53.48
移交资产	1 294.61
合计	174 065.67

表2-2　桃林口水库1999年价格工程总投资表　(单位:万元)

年份	1992	1993	1994	1995	1996
决算投资额	4 424.19	13 406.09	14 907.96	32 244.11	34 284.01
1999年价格	7 068.49	18 923.15	17 291.70	32 579.17	32 650.57
年份	1997	1998	1999	2000	合计
决算投资额	41 906.69	13 724.88	6 653.65	12 514.1	174 065.67
1999年价格	39 595.66	13 215.41	6 653.65	12 269.61	180 247.41

2.3.1.2　桃林口水库工程投资分类

桃林口水库工程为典型的多目标综合利用水利工程,其主要任务是为秦皇岛市城市供水和下游灌区农业灌溉供水，并结合供水发电。在桃林口水库工程总投资中，除发电和输变电工程，其余均为共用工程投资。投资分类详见表2-3，表中数据均为以1999年为价格水平年折算后得到的数据。

表2-3　桃林口水库投资分类表　（单位：万元）

年份	总投资	专用工程投资			共用工程投资
		灌溉供水	城市和工业供水	发电	
1992	7 068.49	0	0	0	7 068.49
1993	18 923.15	0	0	0	18 923.15
1994	17 291.70	0	0	407.16	16 884.54
1995	32 579.17	0	0	1 143.84	31 435.33
1996	32 650.57	0	0	4 583.55	28 067.02
1997	39 595.66	0	0	3 646.55	35 949.11
1998	13 215.41	0	0	2 328.98	10 886.43
1999	6 653.65	0	0	0	6 653.65
2000	12 269.61	0	0	0	12 269.61
合计	180 247.41	0	0	12 110.08	168 137.33

2.3.2　桃林口水库投资分摊计算

桃林口水库的主要受益部门为秦皇岛市城市和工业供水（秦皇岛市引青局）和滦河中下游农业灌溉（各灌区）以及发电，因此投资应在上述受益部门之间分摊。本章主要采用主次分摊法、枢纽指标系数法、效益现值法以及可分离投资法对桃林口水库投资按城市和工业供水、农业灌溉和发电三大功能进行分摊计算。

2.3.2.1　按主次分摊法分摊桃林口水库投资

当一个大型水利工程各部分的主次关系明显，其主要功能获得的效益占工程总效益的比例很大时，可由工程主要功能承担全部共用工程投资，次要功能只承担其专用工程投资。该方法的特点是按工程担负任务的主次来进行分摊，即主要部门负担单独举办等效替代工程的投资，次要部门负担增加的投资，附属部门负担共用工程的投资。

桃林口水库的主要功能是为秦皇岛市供水和为滦河中下游农业灌溉供水，发电装机容量仅为 20MW，故按主次分摊法对桃林口水库进行投资分摊时，由城市和工业供水、农业灌溉供水来分摊共用工程投资，发电仅需承担其专用工程投资。根据桃林口水库供水情况（见表 2-4）及国家相关政策（优先保证城市和工业供水）可知，桃林口水库主要功能为向城市供水，主要受益部门为城市和工业供水，其次为农业灌溉供水。因此，按主次分摊方法分摊共用工程投资时，应由城市和工业供水承担 60% 的共用工程投资，由农业灌溉承担 40% 的共用工程投资。计算公式如下：

$$k_a = k \times \lambda_a \tag{2-18}$$

$$k_b = k \times \lambda_b \tag{2-19}$$

式中：k 为共用工程投资；k_a 为农业灌溉供水分摊的共用工程投资；k_b 为城市和工业供水分摊的共用工程投资；λ_a 为农业灌溉供水投资分摊系数；λ_b 为城市和工业供水投资分摊系数。

由表 2-3 可知，桃林口水库共用工程投资合计为 168 137.33 万元，代入式（2-15）和式（2-16）计算得：

表 2-4　桃林口水库供水量统计

年度	用水单位	供水量（万 m^3）
1998	农业	35 888
	工业	40 735
1999	农业	26 682
	工业	30 196
2000	农业	12 629
	工业	15 736

$$k_a = 168\ 137.33 \times 40\% = 67\ 254.93(\text{万元})$$

$$k_b = 168\ 137.33 \times 60\% = 100\ 882.40(\text{万元})$$

按照主次分摊法对桃林口水库投资进行分摊，则城市和工业供水分摊投资为 100 882.40 万元，农业灌溉供水分摊投资为 67 254.93 万元，发电仅需承担其专用投资 12 110.08 万元。投资分摊结果见表 2-5。

表 2-5　按主次分摊方法分摊桃林口水库分摊结果

（单位：万元）

年份	总投资	专用工程投资	共用工程投资	分摊投资合计		
		发 电	城市和工业及农业灌溉供水	农业灌溉供水	城市和工业供水	发电
1992	7 068.49	0	7 068.49	2 827.40	4 241.09	0
1993	18 923.15	0	18 923.15	7 569.26	11 353.89	0
1994	17 921.70	407.16	17 514.54	7 005.82	10 508.72	407.16
1995	32 579.17	1 143.84	31 435.33	12 574.13	18 807.20	1 143.84
1996	32 650.57	4 583.55	28 067.02	11 226.81	16 840.21	4 583.55
1997	39 595.66	3 646.55	35 949.11	14 379.64	21 569.47	3 646.55
1998	13 215.41	2 328.98	10 886.43	4 354.57	6 531.86	2 328.98
1999	6 653.65	0	6 653.65	2 661.46	3 992.19	0
2000	12 269.61	0	12 269.61	4 907.84	7 361.77	0
合计	180 247.41	12 110.08	168 137.33	67 254.93	100 882.40	12 110.08

2.3.2.2　按指标系数分摊法进行投资分摊

桃林口水库一期工程总库容 8.59 亿 m^3，兴利库容 7.09 亿 m^3，多年平均调节水量 6.33 亿 m^3，设计为每年为秦皇岛市供水 1.75 亿 m^3，为卢龙县工业供水 0.07 亿 m^3，其余供滦河中下游灌区农业灌溉用水。农业灌溉供水保证率为 50%，城市和工业供水保证率为 95%。由于水利工程供水保证程度不同，既定供水量的供水成本也不同，故以供水保证率和供水量的乘积作为指标确定投资分摊的系数。计算公式为：

$$k_a = k \times \lambda_a \tag{2-20}$$

$$k_b = k \times \lambda_b \tag{2-21}$$

式中：k 为共用工程投资；k_a 为农业灌溉供水分摊的共用工程投资；k_b 为城市和工业供水分摊的共用工程投资；λ_a 为农业灌溉供水投资分摊系数；λ_b 为城市和工业供水投资分摊系数。

以折算水量分摊桃林口水库投资时，分摊系数的计算公式为：

$$\lambda_a = \frac{W_a \times P_a}{W_a \times P_a + W_b \times P_b} \tag{2-22}$$

$$\lambda_b = \frac{W_b \times P_b}{W_a \times P_a + W_b \times P_b} \tag{2-23}$$

式中:W_a 为多年平均农业灌溉供水量,W_a = 4.51 亿 m^3;W_b 为多年平均城市和工业供水量,W_b = 1.82 亿 m^3;P_a 为农业灌溉供水保证率,P_a = 50%;P_b 为城市和工业供水保证率,P_b = 95%。

由公式(2-19)和式(2-20)计算得:城市和工业供水投资分摊系数为43.4%,农业灌溉供水投资分摊系数为56.6%。将相关数据代入前述投资分摊计算公式(2-3)和式(2-4)计算可得:城市和工业供水分摊共用工程投资为72 971.60万元,农业灌溉供水分摊投资为95 165.73万元。发电工程仅需承担其专用工程投资12 110.08万元。投资分摊结果见表2-6。

表2-6　按折算水量分摊法分摊桃林口水库投资的分摊结果　（单位:万元）

年份	总投资	专用工程投资	共用工程投资	分摊投资合计		
		发 电	城市和工业及农业灌溉供水	农业灌溉供水	城市和工业供水	发电
1992	7 068.49	0	7 068.49	4 000.77	3 067.72	0
1993	18 923.15	0	18 923.15	10 710.50	8 212.65	0
1994	17 921.70	407.16	17 514.54	9 556.65	7 327.89	407.16
1995	32 579.17	1 143.84	31 435.33	17 792.40	13 642.93	1 143.84
1996	32 650.57	4 583.55	28 067.02	15 885.93	12 181.09	4 583.55
1997	39 595.66	3 646.55	35 949.11	20 347.20	15 601.91	3 646.55
1998	13 215.41	2 328.98	10 886.43	6 161.72	4 724.71	2 328.98
1999	6 653.65	0	6 653.65	3 765.97	2 887.68	0
2000	12 269.61	0	12 269.61	6 944.60	5 325.01	0
合计	180 247.41	12 110.08	168 137.33	95 165.73	72 971.60	12 110.08

2.3.2.3　按效益现值运用效益比例分摊法进行投资分摊

该方法主要根据水利工程各受益部门在经济分析期内折算的效益

现值(或效益年值),与该水利工程各部门效益现值(或效益年值)的总和的比例来分摊共用工程的投资。

由于桃林口水库工程获得效益的主要部门是城市和工业供水、农业灌溉供水和发电,因此运用效益现值法进行投资分摊时,由上述三项功能部门可获得的国民经济效益现值在整个工程效益中所占的比例进行分摊。根据桃林口水库工程国民经济后评价的计算结果可以知道,在正常运行期间,桃林口水库工程多年平均城市和工业供水效益为50 400万元(本书中数值如无特别说明,均以1999年为价格水平年,以后不再说明),多年平均农业灌溉供水效益为14 280万元,发电多年平均效益为1 543.65万元。根据各年供水及发电量的不同,按照12%的社会折现率计算可得,以1992年为基准年时(本书中现值计算均以1992年为基准年,以后不再专门说明),农业灌溉供水效益现值为45 583.69万元,城市和工业供水效益现值为101 462.65万元,发电效益现值为1 543.65万元。

将有关数据代入公式(2-9)计算得:农业灌溉供水应分摊的共用工程投资为50 441.2万元,城市和工业供水应分摊的共用工程投资为112 652.01万元,发电应分摊的共用工程投资为5 044.12万元。投资分摊结果见表2-7。

2.3.2.4　按可分离投资比例运用可分离投资法进行投资分摊

为简化计算,本书将可分离费用—剩余效益分摊法进行了改进,将需要分摊的总投资划分为各部门的可分离投资和共同投资两部分,用可分离投资的比例来分摊共用工程投资。各部门的可分离投资及分摊的共用工程投资的和,即为各部门应承担的分摊投资。

可分离投资是指共用工程的总投资与不包括某一部门在内的共用工程总投资的差值。其计算公式为:

$$K_{jd} = \sum_{i=1}^{m} K_i - K_R \tag{2-24}$$

式中:K_{jd}为第j部门的可分离投资现值;K_i为综合利用水利工程中共用工程第i年的投资现值;$\sum_{i=1}^{m} K_i$为水利工程中共用工程的总投资现值;K_R

表 2-7　按效益现值法分摊桃林口水库投资的分摊结果　（单位：万元）

年份	总投资	专用工程投资	共用工程投资	共用工程投资分摊			分摊投资合计		
		发电	供水	农业灌溉供水	城市和工业供水	发电	农业灌溉供水	城市和工业供水	发电
1992	7 068. 49	0	7 068. 49	2 120. 55	4 735. 89	212. 05	2 120. 55	4 735. 89	212. 05
1993	18 923. 15	0	18 923. 15	5 676. 95	12 678. 51	567. 69	5 676. 95	12 678. 51	567. 69
1994	17 921. 70	407. 16	17 514. 54	5 065. 36	11 312. 64	506. 54	5 065. 36	11 312. 64	913. 70
1995	32 579. 17	1 143. 84	31 435. 33	9 430. 60	21 061. 67	943. 06	9 430. 60	21 061. 67	2 086. 90
1996	32 650. 57	4 583. 55	28 067. 02	8 420. 11	18 804. 90	842. 01	8 420. 11	18 804. 90	5 425. 56
1997	39 595. 66	3 646. 55	35 949. 11	10 784. 73	24 085. 90	1 078. 48	10 784. 73	24 085. 90	4 725. 03
1998	13 215. 41	2 328. 98	10 886. 43	3 265. 93	7 293. 91	326. 59	3 265. 93	7 293. 91	2 655. 57
1999	6 653. 65	0	6 653. 65	1 996. 10	4 457. 95	199. 60	1 996. 10	4 457. 95	199. 61
2000	12 269. 61	0	12 269. 61	3 680. 88	8 220. 64	368. 09	3 680. 88	8 220. 64	368. 09
合计	180 247. 41	12 110. 08	168 137. 33	50 441. 20	112 652. 01	5 044. 12	50 441. 20	112 652. 01	17 154. 20

为不包括 j 部门在内的水利工程中共用工程的总投资现值；n 为受益的部门数目；j 为受益部门序号；m 为投资年限。

在计算 K_R 时，可采用生产规模比例法进行估算。所谓生产规模比例法，是指假定工程的投资和工程的规模大小成正比例变化，以此为依据估算工程的投资。其计算公式如下：

$$K_R = K' \cdot X/X' \tag{2-25}$$

式中：K'为现有已知工程的投资；X'为现有已知工程的规模（库容、坝高等）；X 为待估算工程的规模。

按照12%的社会折现率，根据桃林口水库国民经济后评价的计算结果可知，共用工程总投资现值为100 016.02万元。根据工程的功能及当地物价水平，若工程仅满足城市和工业供水与发电需要，则库容只需6.87亿 m^3，按生产规模比例法估算可得不包括农业灌溉供水在内的共用工程总投资现值为80 000万元；若工程仅满足农业灌溉供水与发电需要，则库容只需5.84亿 m^3，按生产规模比例法估算可得不包括城市和工业供水在内的共用工程总投资现值为68 000万元；若工程仅满足城市和工业供水与农业灌溉供水需要，则库容只需7.77亿 m^3，按生产规模比例法估算可得不包括发电在内的共用工程总投资现值为90 517.5万元。代入可分离投资计算公式计算得：农业灌溉供水的可分离投资为20 016.02万元，占可分离投资总和的比例为32.53%；城市和工业供水的可分离投资为32 016.02万元，占可分离投资总和的比例为52.03%；发电的可分离投资为9 498.52万元，占可分离投资总和的比例为15.44%。按可分离投资比例分摊桃林口水库投资的分摊结果见表2-8。

2.3.2.5　运用多人合作对策投资分摊模型对桃林口水库投资进行分摊

1）建立分摊问题的多人合作对策模型

设分摊问题的对策模型为$\langle N, C(S) \rangle$。

局中人集合 $N=\{1,2,3\}$，其中1，2，3分别代表发电、城市和工业供水和农业灌溉供水三个受益部门。

（1）估算可获得同等效益的替代方案投资。若采用单独建设同等

表 2-8　按可分离投资比例分摊桃林口水库投资的分摊结果　（单位：万元）

年份	总投资	专用工程投资	共用工程投资	共用工程投资分摊			分摊投资合计		
		发电	供水	农业灌溉供水	城市和工业供水	发电	农业灌溉供水	城市和工业供水	发电
1992	7 068.49	0	7 068.49	2 299.38	3 677.74	1 091.37	2 299.38	3 677.74	1 091.37
1993	18 923.15	0	18 923.15	6 155.70	9 845.72	2 921.73	6 155.70	9 845.72	2 921.73
1994	17 921.70	407.16	17 514.54	5 697.48	9 112.82	2 704.24	5 697.48	9 112.82	3 111.40
1995	32 579.17	1 143.84	31 435.33	10 225.91	16 355.80	4 853.62	10 225.91	16 355.80	5 997.46
1996	32 650.57	4 583.55	28 067.02	9 130.20	14 603.27	4 333.55	9 130.20	14 603.27	8 917.10
1997	39 595.66	3 646.55	35 949.11	11 694.25	18 704.32	5 550.54	11 694.25	18 704.32	9 197.10
1998	13 215.41	2 328.98	10 886.43	3 541.36	5 664.21	1 680.86	3 541.36	5 664.21	4 009.84
1999	6 653.65	0	6 653.65	2 164.44	3 461.89	1 027.32	2 164.44	3 461.89	1 027.32
2000	12 269.61	0	12 269.61	3 991.30	6 383.88	1 894.43	3 991.30	6 383.88	1 894.43
合计	180 247.41	12 110.08	168 137.33	54 900.02	87 809.65	26 057.66	54 900.02	87 809.65	38 167.75

规模的火电站来发电，按照当地物价水平，按生产规模比例法估算的投资为 58 345 万元；若城市和工业供水采用从邻近地区购水的替代方案，按当地当时的水价及达到同样规模功能所需的水量估算需投资79 182.5万元；若农业灌溉供水采用直接从附近河道引水灌溉的替代方案，按生产规模比例法估算投资为 166 700 万元。

(2)分析估算可分离投资。由计算得知，共用工程总投资现值为100 016.02 万元。若工程仅满足城市和工业供水与发电需要，经估算可得不包括农业灌溉供水在内的共用工程总投资现值为 80 000 万元；若工程仅满足农业灌溉供水与发电需要，经估算可得不包括城市和工业供水在内的共用工程总投资现值为 68 000 万元；若工程仅满足城市和工业供水与农业灌溉供水需要，经估算可得不包括发电在内的共用工程总投资现值为 90 517.5 万元。农业灌溉供水的可分离投资为20 016.02万元；城市和工业供水的可分离投资为 32 016.02 万元；发电的可分离投资为 9 498.52 万元。

(3)建立投资分摊模型。将上面的有关数据代入多人合作对策模型$\langle N,C(S)\rangle$，得分摊投资模型为：

$N=\{1,2,3\}$，表示发电、城市和工业供水和农业灌溉供水三个受益部门的集合；

$C(N)=100\ 016.02$ 万元，表示共用工程总投资现值；

$C(i)$表示替代方案投资现值；

$C(1)=58\ 345$ 万元，$C(2)=79\ 182.5$ 万元，$C(3)=166\ 700$ 万元；

$C(i,j)$表示不包括某一部门在内的投资；

$C(1,2)=80\ 000$ 万元，表示不包括农业灌溉在内的共用工程的投资；

$C(2,3)=90\ 517.5$ 万元，表示不包括发电在内的共用工程的投资；

$C(1,3)=68\ 000$ 万元，表示不包括城市和工业供水在内的共用工程的投资。

(4)使用多人对策二次规划方法求解。从经济角度讲，把各受益部门的可分离投资作为理想分摊数是比较合理的。就求解方法本身而言,采用二次规划解法可以避免其他方法中的非唯一解问题,而且二次规划可以转化为线性规划求解或直接利用二次规划软件(如 lingo4.0)求解。

2)求解桃林口水库投资分摊模型

理想点 $\mu=(\mu_1,\mu_2,\mu_3)$ 为各受益部门可分离投资的集合。其中 $\mu_1=C(N)-C(2,3)=100\ 016.02-90\ 517.5=9\ 498.52$(万元),为发电的可分离投资;$\mu_2=C(N)-C(1,3)=100\ 016.02-68\ 000=32\ 016.02$(万元),为城市和工业供水的可分离投资;$\mu_3=C(N)-C(1,2)=100\ 016.02-80\ 000=20\ 016.02$(万元),为农业灌溉的可分离投资。

求解:$\min Z=(x_1-9\ 498.52)^2+(x_2-32\ 016.02)^2+(x_3-20\ 016.02)^2$

$$\begin{cases}x_1+x_2+x_3=100\ 016.02\\x_1+x_2\leqslant 80\ 000\\x_2+x_3\leqslant 90\ 517.50\\x_1+x_3\leqslant 68\ 000\\0\leqslant x_1\leqslant 58\ 345\\0\leqslant x_2\leqslant 79\ 182.5\\0\leqslant x_3\leqslant 166\ 700\end{cases}$$

得:$X^*=(x_1^*,x_2^*,x_3^*)=(9\ 498.53,70\ 501.46,20\ 016.03)$。

其中 $x_1^*=9\ 498.53$ 万元,为发电应分摊的共用工程投资的现值,占共用工程总投资的 9.5%;$x_2^*=70\ 501.46$ 万元,为城市和工业供水应分摊的共用工程投资的现值,占共用工程总投资的 70.49%;$x_3^*=20\ 016.03$万元,为农业灌溉应分摊的共用工程的投资现值,占共用工程总投资的 20.01%。

投资分摊结果见表 2-9。

表 2-9 运用多人合作对策分摊桃林口水库投资的分摊结果 （单位：万元）

年份	总投资	专用工程投资	共用工程投资	共用工程投资分摊			分摊投资合计		
		发电	供水	农业灌溉供水	城市和工业供水	发电	农业灌溉供水	城市和工业供水	发电
1992	7 068.49	0	7 068.49	1 414.40	4 982.57	352.42	1 414.40	4 982.57	352.42
1993	18 923.15	0	18 923.15	3 786.52	13 338.93	1 797.70	3 786.52	13 338.93	1 797.07
1994	17 921.70	407.16	17 514.54	3 504.66	12 346.00	1 663.88	3 504.66	12 346.00	2 071.04
1995	32 579.17	1 143.84	31 435.33	6 290.21	22 158.76	2 986.36	6 290.21	22 158.76	4 130.20
1996	32 650.57	4 583.55	28 067.02	5 616.21	19 784.44	2 666.37	5 616.21	19 784.44	7 249.92
1997	39 595.66	3 646.55	35 949.11	7 193.41	25 340.53	3 415.17	7 193.41	25 340.53	7 061.72
1998	13 215.41	2 328.98	10 886.43	2 178.37	7 673.84	1 034.21	2 178.37	7 673.84	3 363.19
1999	6 653.65	0	6 653.65	1 331.39	4 690.16	632.10	1 331.39	4 690.16	632.10
2000	12 269.61	0	12 269.61	2 445.15	8 648.85	1 165.61	2 445.15	8 648.85	1 165.61
合计	180 247.41	12 110.08	168 137.33	33 760.32	118 964.08	15 713.82	33 760.32	118 964.08	27 823.27

第 3 章　投资项目的风险评估

3.1　投资项目风险评估概述

随着我国改革开放进程的逐步深入，项目投资从过去的政府直接干预、包揽一切、绝对权威的传统投资体制，发展到最终建立起来的市场经济条件下的投资体制，无疑对解决现存问题和发展生产力发挥了积极的促进作用。然而，项目投资体制所取得的成果只是初步的，现行体制下还存在着一系列深层次的矛盾，一些带有根本性的问题还没有解决。当前我国项目投资管理体制存在的主要问题是投资风险约束机制没有建立起来，造成各单位只有投资冲动，而不顾及投资效益，也没有投资责任；只享受投资带来的收益，而不承担投资风险，形成“负盈不负亏”。因而，在一些项目决策中出现对市场论证不充分、不考虑筹资成本等现象。随着科学技术和社会生产力的迅猛发展，投资项目的规模化以及技术选择的复杂化，虽然推动了社会与经济的全面发展，但同时也产生了更多的风险，给人类的生命和财产安全带来更多的威胁，因此风险管理的重要性和意义开始被更多的人所认识。

风险管理是识别和评估风险，建立、选择、管理和解决风险的可选方案的组织方法。在风险管理中可运用一些工具辅助项目管理者管理技术领域的风险，辨别项目出现偏差的危险信号，尽可能早地采取正确的行动。

我国对于风险问题的研究是从风险决策开始的，起步较晚，这是与我国改革开放前长期实行高度集中统一的中央计划经济体制相适应的。西方国家在第二次世界大战前已经开始对风险进行研究。1980 年周士富首次提出“风险”一词。1991 年，顾昌耀和邱菀华在《航空学报》上首次将熵域拓展到复数并用于风险决策研究。10 多年来，我国有关风险分析、风险决策的论著已有一些，但是不多。本书尝试运用数学建模方法建立投资风险评估模型，并用于实证分析，以验证其实用性和适用条件。其主要内容如下：

（1）风险识别。它是对项目所面临的和潜在的风险加以分析、判断、归类的过程。项目周围存在的风险是各种各样的，包括项目外部的和内部的、技术的和非技术的。这些风险存在于什么地方？发生的条件是什么？发生的可能性有多大？发生后的损失又如何？这些问题在风险识别中要有初步的分析和判断。

（2）风险估计。它是在风险识别的基础上，通过对所收集大量资料的分析，利用概率统计理论，估计和预测风险发生的可能性和相应损失的大小。风险估计是对风险的定量化分析，可为风险管理者进行风险决策、管理技术选择提供可靠的科学数据。

（3）风险评价。它是在风险识别和风险估计的基础上，对风险发生的概率、损失程度和其他因素进行综合考虑，得到描述风险的综合指标——风险量，并与公认（或经验）的风险（安全）指标相比较，得到是否要采取控制措施的结论。

由于社会经济活动的复杂性，风险管理涉及社会各个领域。这里重点研究投资决策中的风险管理。投资风险是指投资收益损失的可能性。尽管投资风险渗透于投资决策、资金筹措、投资使用与投资收益各个阶段，但投资决策风险控制是整个投资风险控制的核心与关键。由于我国投资决策的科学化、民主化、合理化水平还很低，投资决策风险有加大的趋势。投资风险决策是投资决策技术中的重点，投资决策风险控制是整个投资风险的核心与关键。因此，努力避免投资决策失误，是强化投资风险管理的中心环节。

投资风险评估是指应用各种管理科学技术，采用定性与定量相结合的方法，最终定量评估风险的大小，找出主要的风险源，并评价风险的可能影响，以便以此为依据，对风险采取相应的对策。

投资风险评估的作用主要体现在以下几个方面：

（1）投资风险评估能促进项目决策的科学化、合理化，降低决策的风险水平。投资风险分析利用科学的、系统的方法，有预见性地规避系统风险，处置非系统风险，有利于该项目的投资者减少或排除各种经济风险、技术风险，提高决策水平，有利于项目的实施，有利于实现项目投资目标。

(2)投资风险评估能为项目投资者提供相对安全的经营环境。项目风险评估为处置项目风险提供了各种有预见性的措施，从而消除了项目组织的后顾之忧，使其全身心地投入到各种项目活动中去，保证了项目的稳定发展。

(3)投资风险评估能够保障项目经营目标的顺利实现。项目风险分析可以使项目面临的风险损失减少到最低限度，并能在损失发生后及时合理地提供补偿方案，从而能促使项目增加收入和减少支出，并获得稳定的、不断增长的盈利，保障投资目标的实现。

3.2 风险识别

3.2.1 风险概述

3.2.1.1 风险的定义

一般认为，风险是指某一事件出现的实际状况与预期状况(即实际值与预期值)有背离，从而产生的一种损失。这种损失有时表现为实际值的绝对减少，有时表现为相对减少或机会损失。同时，这种背离或差异的出现又是不确定的，而是以一定的概率随机发生的，因而不能事先进行准确预计。

对风险含义的理解，从不同的角度可以作不同的陈述和定义。目前，关于风险的定义主要有以下几种代表性观点：

以研究风险问题著称的美国学者 A. H · 戚雷特认为，“风险是关于不愿发生的事件发生的不确定性之客观体现”。

美国经济学家 F. II · 奈特认为，“风险是可测定的不确定性”。

日本学者武井勋认为，“风险是在特定环境中和特定期间内自然存在的导致经济损失的变化”。

中国台湾地区学者郭明哲认为，风险是指决策面临的状态为不确定性产生的结果。

中国大陆地区不少学者认为，风险是指实际结果与预期结果相背离从而产生损失的一种不确定性。

一般来说，风险具备下列要素：①事件（不希望发生的变化）；②事件发生的概率（事件发生具有不确定性）；③事件的影响（后果）；④风险的原因。

风险中包含不确定的成分，对此类问题可用概率进行计算，同时由失败引起的后果和灾难也必须考虑。基于上述分析，我们假设：用 C 表示出现的后果（损失），用 P 表示损失出现的概率，用 R 表示风险，则可用以下公式表示风险：

$$R = f(P, C) \tag{3-1}$$

上式表明，每个事件的风险为结果和事件出现概率的函数。

风险中另一个主要的原因为风险原因，某个事件或事物的缺乏引起风险，我们称它为风险源。特定事故能通过对事故的了解和采取必要的措施而最大程度地得到避免，因此：

$$R = f(\text{事故}, \text{安全措施}) \tag{3-2}$$

用简洁的语言来定义，风险是不利结果（或损失）出现的可能性。

3.2.1.2　风险的产生

风险是事件发生并产生不良后果的可能性。显然风险主要是由不确定事件造成的，而事件的确定或不确定是由信息的完备与否决定的，即风险是由于人们无法充分认识客观事物及其未来的发展变化而引起的。因此，从理论上讲，风险的这种信息的不完备性可以通过各种努力去加以不断完备，但却无法通过主观努力去使其完备。这主要在于下列两方面的原因：

第一，人们认识客观事物的能力有局限性。随着科学技术的发展，人们认识世界的能力在不断提高。然而，世界上的任何事物均有其属性，对这些属性，人们首先是用各种数据或信息来描述；其次是通过对这些数据或信息的分析处理，去了解和认识事物，并预测事物未来的发展和变化。但是由于人们认识事物在深度和广度上均有局限性，从而这种对事物的描述和分析处理能力都是有限的。因此，人们对项目的认识不可避免地存在信息上的不完备，进而造成人们对项目建设的环境缺乏客观认识，对项目的实施过程缺乏符合实际的预见。这是项目出现风险的重要原因。

第二，信息本身的滞后性。从信息科学理论出发，信息的不完备性是绝对的，而完备性是相对的。这主要在于信息具有滞后性。因为人们对客观事物的属性是用数据和信息去描述的，而这种描述仅当事物发生或形成之后才能进行，且做这种客观的描述也是需要时间才能完成的，因此这种数据或信息的形成总是滞后于事物的形成或发展的，这样就导致了信息出现滞后的现象。

3.2.1.3　风险的分类

对于风险的分类，按照不同的标准可以分为以下几类。

(1)按风险的存在性质划分：客观风险和主观风险。

客观风险，指实际结果与预测结果之间的相对差异和变动程度。这种变动程度越大，风险就越大；反之，风险就越小。

主观风险，指一种由精神和心理状态所引起的不确定性。它是指人们往往对某种偶然的不幸事件造成损害的后果在主观认识方面存在偏差。虽然人们可以借助概率论的数学方法将损失的不确定性加以测定，但对于某一具体的风险究竟产生什么后果，仍然不能准确进行分析。由于这种分析和认识的片面性从而使损害加大，这就是主观风险。

(2)按风险的对象划分：财产风险、人身风险、责任风险和信用风险。

财产风险，指财产发生损毁、灭失和贬值的风险。如房屋、设备、运输工具、家具及某些无形资产因自然灾害或意外事故而遭受损失。

人身风险，指人的生、老、病、死，即疾病、伤残、死亡等所产生的风险。虽然这是人生中不可避免的现象，但由于何时何地发生并不确定，而一旦发生，则会给家庭和经济实体带来很大的损失。

责任风险，指由于团体或个人违背了法律、合同或道义上的规定，形成侵权行为，造成他人的财产损失或人身伤害，在法律上负有经济赔偿责任的风险。责任风险还可细分为过失责任风险和无过失责任风险。前者指团体或个人因疏忽、过失致使他人财产受到损失或人身受到伤害；后者则指绝对责任风险，如根据法律或合同的规定，雇主对其雇员在从事工作范围内的活动中造成身体伤害所承担的经济责任。

信用风险，指权利人与义务人在经济交往中由于一方违约或犯罪而对对方造成经济损失的风险。

(3)按风险产生的原因划分：自然风险、社会风险、经济风险和技术风险。

自然风险，指由于自然力的非规则运动所引起的自然现象或物理现象导致的风险。如风暴、火灾、洪水、地震等所导致的物质损毁、人员伤亡的风险。

社会风险，指由于反常的个人行为或不可预料的团体行为所造成的风险。如抢劫、罢工、战争等。

经济风险(Economic Risk)，一般指在商品的生产和购销过程中，由于经营管理不力，市场预测失误，价格变动或消费需求变化等因素导致经济损失的风险，以及外汇汇率变动及通货膨胀而引起的风险。

技术风险(Technological Risk)，指由于科学技术发展所带来的某些不利因素而导致的风险，如核物质泄漏所致损失的风险。

(4)按风险的性质划分：静态风险和动态风险。

所谓静态风险是社会经济正常运行情况下的风险；动态风险是以社会经济的变动为直接原因的风险。换言之，静态风险是自然力的不规则作用及人们的错误判断和错误行为导致的风险；动态风险是由于人们欲望的变化、生产方式和生产技术的变化，以及企业组织的变化导致的风险。

具体来说，静态风险包括资产的物理损失、欺诈及犯罪的损失、法律的错误判断、利润的减少、经营者的行为能力丧失等。

动态风险包括管理风险，如市场风险、财务风险和生产风险，以及政治风险和技术革新风险。

3.2.2 风险的识别过程

风险识别是项目风险管理的基础和重要组成部分。风险识别就是确定何种风险事件可能影响项目，并将这些风险的特性整理成文档。

风险识别是项目管理者识别风险来源、确定风险发生条件、描述风险特征并评价风险影响的过程。

风险识别需要确定风险来源、风险事件、风险征兆三个相互关联的因素。风险来源:即时间、费用、技术、法律等;风险事件:给项目带来积极或消极影响的事件;风险征兆:又称为触发器,是指实际的风险事件发生的苗头和征兆。

风险的识别过程一般可分为五个步骤:确定目标、明确最重要的参与者、收集资料、项目风险形势估计以及利用直接或间接的症状将潜在项目风险识别出来(项目风险识别的结果)。

3.2.2.1 确定目标

确定风险识别的目标,就是要明确对什么项目进行风险识别。确定了目标后,风险识别才能有的放矢。

3.2.2.2 明确最重要的参与者

明确最重要的参与者,就是确定参与项目风险识别的人员。这是项目风险识别首先要进行的组织工作。项目风险识别需要项目组织集体共同参与。

3.2.2.3 收集资料

项目风险识别应注重下列几方面数据信息的收集。

1)项目产品或服务的说明书

项目产品或服务的性质具有多种不确定性,在某种程度上决定了项目可能遇到什么样的风险。例如,项目产品投入市场的不确定性,项目产品市场需求的不确定性。因此,识别项目的风险可以从识别产品或服务的不确定性入手,而项目产品或服务的说明书则可以为我们提供大量风险识别所需的信息。在通常情况下,应用较新技术的产品或服务可能遇到的风险要比应用成熟技术的产品或服务大。

项目产品或服务的说明书可以从项目章程、项目合同中得到,也可以参考用户的需求建议书。

2)项目的前提、假设和制约因素

可以从审查项目其他方面的管理计划中得到项目所有的前提、假设和制约因素。

项目范围管理计划:审查项目成本、进度目标是否定得合理等。

人力资源与沟通管理计划:审查人员安排计划,确定哪些人对项目的顺利完成有重大影响。

项目资源需求计划:除了人力资源,项目所需的其他资源,比如物资设备或设施的获取、维护、操作等对项目的顺利完成是否可能造成影响。

项目采购与合同管理计划:审查项目合同采取的计价形式,不同形式的合同对项目组承担的风险有很大影响。在通常情况下,成本加酬金类合同对业主是不利的,然而,如果项目所在地的人工费、材料价格预期会下降,则成本加酬金合同也可能给业主带来利益。

3)与本项目类似的案例

借鉴过去类似项目的经验和教训是识别项目风险的重要手段。一般的项目公司会积累和保存所有项目的档案,包括项目的原始记录等。通常可以通过如下渠道来获得经验和教训:

(1)查看项目档案。可能包括经过整理的经验教训,其中说明了问题及其解决的办法,或者可以从项目利害关系者或组织中其他人的经验中获得。

(2)阅读公开出版的资料。对于许多应用领域都可以利用商用数据库、学术研究结果、基准测试和其他公开出版的研究成果。

(3)采访项目参与者。向曾经参与项目的有关各方调查、征集有关资料。

3.2.2.4 项目风险形势估计

(1)风险形势估计的目的。风险形势估计就是要明确项目的目标、战略、战术以及实现项目目标的手段和资源,以确定项目及其环境的变数。项目风险估计还要明确项目的前提和假设。通过项目风险形势估计可以将项目规划时没有被意识到的前提和假设找出来。明确了项目的前提和假设可以减少许多不必要的风险分析工作。

(2)风险形势估计的内容。通过项目风险形势估计,判断和确定项目目标是否明确,是否具有可测性,是否具有现实性,有多大不确定性;分析保证项目目标实现的战略方针、战略步骤和战略方法;根据项目资源状况分析实现战略目标的战术方案存在多大的不确定性,彻底弄清项目有多少可以动用的资源,对于实施战术,进而实现战略意图和项目目标是非常重要的。

3.2.2.5　项目风险识别的结果

风险识别的结果就是风险识别之后的输出,它也是项目风险量化的输入,一般由项目风险来源表、风险征兆、风险的类型说明、其他要求几部分组成。

(1)项目风险来源表。项目风险来源表将所有已经识别出的项目风险罗列出来并将每个风险来源加以说明。至少要包括如下说明:①风险事件的可能后果;②对该来源产生的风险事件预期发生时间所作的估计;③对该来源产生的风险事件预期发生次数所作的估计。

(2)项目风险征兆。风险征兆,有时也被称为触发器或预警信号,是指示风险已经发生或即将发生的外在表现,是风险发生的苗头和前兆。

(3)项目风险的类型说明。为了便于进行风险分析、量化、评价和管理,还应该对识别出来的风险进行分组或分类。分组或分类有多种角度,一般可以按项目阶段进行划分,也可以按管理者来划分。

建设项目的风险可以按照项目阶段分为项目建议书、项目可行性研究、项目融资、项目设计、项目采购、项目施工及运营等七组。建设项目施工阶段的风险则可按管理者分为业主风险和承包商风险两类。每一组和每一类风险都可以按照需要再进一步细分。

(4)其他要求。项目管理是一个不断改进和不断完善的过程,因此任何一个阶段的工作结果都要包括对前面工作进行改进的建议和要求,项目风险识别工作的结果当然也应该对风险识别过程中发现的项目管理其他方面的问题提出完善和改进的建议与要求。例如,在利用WBS(工作分解结构)进行风险识别时,如果发现WBS存在可以改进之处,则应该要求负责WBS工作的项目成员进一步完善和改进WBS。

3.2.3　风险识别方法

风险识别的目的是为决策减少风险损失,提高决策的科学性、安全性和稳定性。具体地说，风险识别应解决如下问题：①决策活动中可能会产生哪些风险？②产生风险的因素是什么？③这些风险会导致什么不利结果，出现的概率有多大？要回答上述问题，在风险识别中需要采用一些专门的分析方法。

风险识别阶段的基本任务是帮助决策者发现风险和识别风险。这一阶段主要侧重于对风险的定性分析。风险识别的一般原则是从成因角度入手，找出产生风险的关键性因素，判断风险的性质。决策系统的风险受内、外两方面的因素影响。进行风险识别，可分别从内部条件因素和外部环境因素两方面分析和鉴别。常用的识别方法有头脑风暴法、德尔斐法、幕景分析法、SWOT 法等几种。

3.2.3.1　头脑风暴法

头脑风暴法又叫集思广益法，它是通过营造一个无批评的自由的会议环境，使与会者畅所欲言、充分交流、互相启迪，产生出大量创造性意见的过程。

头脑风暴法一般适用于问题简单、目标明确的情况。如果决策分析的问题较复杂，首先需要对分析的问题进行分解。比如，分析的问题是一个包含环境污染、财政政策、人口控制、就业政策多角度和多层面的社会经济系统的综合决策问题，可先将问题分解成几个子系统问题来研究。在第一级分解后，还可以继续考虑作进一步的分解。比如，环境污染问题作为一级子系统，还可以分解成城市环境污染和农村环境污染两个子系统。在作了适当的分解后，要分析的问题得到了简化，要解决的任务更为突出、目标更为明确。运用头脑风暴法进行有关风险辨识的讨论时，与会成员的讨论指向若能趋于集中，效果将更加突出。

组织头脑风暴会议，一般应注意遵循以下原则：①与会成员的专业选择与分析的决策问题的性质要一致，同时又要注意选择不同特点的专家参加。如成员中，既要有方法论学者，又要有擅长理论分析的专家，还要包括有丰富实践经验的专家。②参加小组讨论的专家最好互不相识，会上不公布专家所在的单位、年龄、职称和职务，让每一位与会成员感觉到大家都是平等的，便于大家在讨论时不会因某些已知的信息（比如对方的职务、职称等）影响自己观点和思想的表达或陈述。

③要创造自由的、无拘无束的会议环境,会议主持人应说明会议的召开方式及特点,使与会成员没有任何顾虑,做到畅所欲言,最大限度地激发头脑思维,使与会成员真正产生思维共振、交融与相互启迪。④鼓励与会成员对已经提出的想法进行修正和完善,为他们提供优先发言的机会。⑤主持人还应在适当的时候作诱导性发言,尽量启发专家的思维,引导与会成员开展讨论和提出质疑。

3.2.3.2　德尔斐法

德尔斐法(Delphi)是一种反馈匿名函询法。其做法是:在对所要预测的问题争得专家意见之后,进行整理、归纳、统计,再匿名反馈给各专家,再次征求意见,再集中,再反馈,直至得到稳定的意见。其过程可简单表示如下:

匿名征求专家意见归纳、统计→匿名反馈→归纳、统计……若干轮后,停止。

德尔斐法的应用步骤如下:

第一步:挑选企业内部、外部的专家组成小组,专家们不会面,彼此互不了解;

第二步:要求每位专家对所研讨的内容进行匿名分析;

第三步:所有专家都会收到一份全组专家的集合分析答案,并要求所有专家在这次反馈的基础上重新分析,如有必要,该程序可重复进行。

德尔斐法的最大优点是简明直观,操作容易。美国加利福尼亚大学对德尔斐法的预测结果信度和效度的检验表明,其预测的准确性和可靠性都比较令人满意,这种方法的实际应用价值较高。

3.2.3.3　幕景分析法

幕景分析法是一种能在风险分析中帮助辨识引起风险的关键因素及其影响程度的方法。所谓幕景,是指对一个决策对象(比如,一个工程项目、一个企业的发展问题)未来某种状态的描述,包括用图形、曲线或数据的描述。现代的大型风险决策问题,一般都必须依靠计算机才能完成复杂的计算和分析任务。应用幕景分析,则是在计算机上实现各种状态变化条件下的模拟分析。当某种因素发生不同的变化时,它对整个决策问题会发生什么影响？影响程度如何？有哪些严重后果？这些分析像电影上的镜头一样可以一幕一幕地展现出来，供分析人员进行比较研究。幕景分析的结果一般可分为两类：一类是对未来某种状态的描述；另一类是描述目标问题的发展过程，预测未来一段时期内目标问题的变化链和演变轨迹。比如，对一项投资方案的风险分析，幕景分析可以提供未来三年内该投资方案最好、最可能发生和最坏的前景，并且可以详细给出这三种不同情况下可能发生的事件和风险，为决策提供参考依据。

1）幕景分析法的主要功能

幕景分析法在识别项目风险时主要表现为以下四个方面的功能：①识别项目可能引起的风险性后果，并报告提醒决策者；②对项目风险的范围提出合理的建议；③就某些主要风险因素对项目的影响进行分析研究；④对各种情况进行比较分析，选择最佳结果。

2）幕景分析法的主要过程

幕景分析法可以通过筛选、监测和诊断，给出某些关键因素对于项目风险的影响。

（1）筛选。所谓筛选，就是按一定的程序将具有潜在风险的产品过程、事件、现象和人员进行分类选择的风险识别过程。

（2）监测。监测是在风险出现后对事件、过程、现象、后果进行观测、记录和分析的过程。

（3）诊断。诊断是对项目风险及损失的前兆、风险后果与各种起因进行评价与判断，找出主要原因并进行仔细检查的过程。

图 3-1 是一个描述筛选、监测和诊断关系的风险识别元素图。该图表述了风险因素识别的幕景分析法中的三个过程使用着相似的工作元素，即疑因估计、仔细检查和征兆鉴别三项工作，只是在筛选、监测和诊断这三个过程中，这三项工作的顺序不同。具体顺序如下：

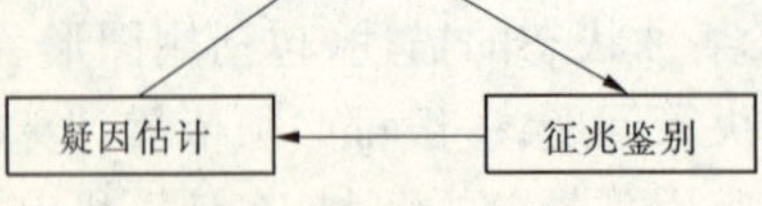

图 3-1 风险识别元素图

筛选：仔细检查→征兆鉴别→疑因估计；

监测:疑因估计→仔细检查→征兆鉴别;

诊断:征兆鉴别→疑因估计→仔细检查。

3.2.3.4　SWOT法

SWOT法是分析风险发生状况的有效工具和方法。以分析企业风险为例,S代表企业内部条件优势,W代表企业劣势,O代表外部环境为企业提供的有利机会,T代表环境威胁。将上述四项内容组合在一起,可得到一个四象限矩阵图(见图3-2)。

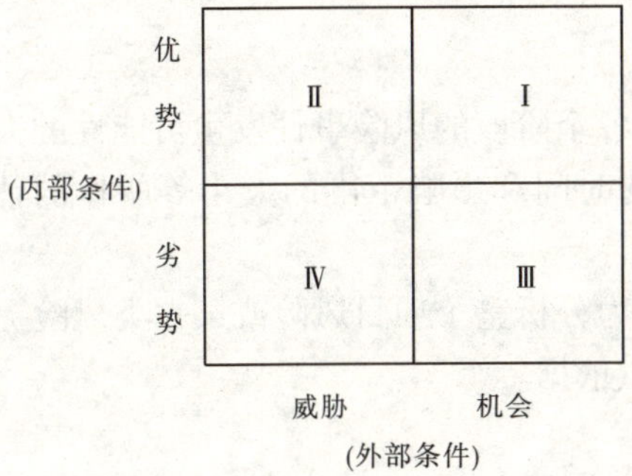

图3-2　SWOT法矩阵图

SWOT法可以通过比较分析企业内部条件和外部环境的相互关系,确定企业风险发生的领域和影响状况。

从图3-2中可以看出,内部条件和外部条件组合构成四个区域。在第Ⅰ区域,从外部环境看,为企业的发展提供了机会,从内部条件看,企业又正好具备优势条件,此时企业处于最佳经营状态,产生风险的可能性最小,是企业最理想的经营条件。第Ⅱ区域表明,外部环境中存在一些威胁因素,也就是不利于企业发展的因素,但企业内部条件具有优势。如果企业能较好地发挥自身优势,努力克服外部环境带来的一些困难,消除其不利影响,企业仍有可能维持较理想的经营环境和条件,产生风险的可能性就可以减小。第Ⅲ区域显示,外部环境存在有利于企业发展的机会,但企业内部条件不佳,此时必须重点抓住有利的外部环境提供的发展机遇,努力改善内部的经营条件、提高内部管理水平,这样就有可能壮大企业的力量、减小风险发生的可能性。第Ⅳ区域表明,企业既面临不利的外部环境,又不具备自身内部条件的优势,企业产生重大风险的可能性最大。在进行风险识别时,处于这一区域的企业应作为关注和监测的重点。

3.3 风险估计(Ⅰ)——基本原理和方法

投资项目风险识别仅解决了有无风险事件的问题。风险事件发生的可能性,以及风险事件发生的后果和影响范围的大小等问题还有待作进一步的分析估计。

3.3.1 项目风险估计概述

3.3.1.1 项目风险估计的内涵

投资项目风险估计是对项目各个阶段的风险事件发生可能性的大小、可能出现的后果、可能发生的时间和影响范围的大小等所作的估计。

投资项目风险估计的作用是为分析整个项目风险或某一类风险提供基础,并进一步为风险评价提供依据。

3.3.1.2 项目风险估计过程

投资项目风险估计过程如图 3-3 所示。

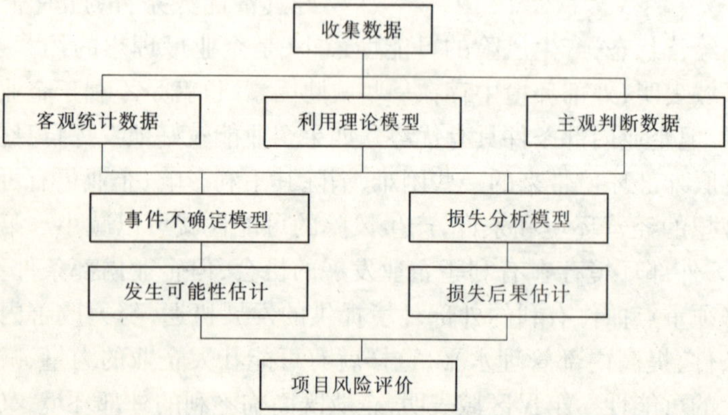

图 3-3　风险估计过程图

(1)收集数据。投资项目风险估计的第一步是要收集与风险事件相关的数据和资料。这些数据和资料可从过去类似投资项目的经验总结或记录中取得，具有可统计性。

在某些情况下，有价值的、可供使用的历史数据资料不一定十分完备。此时，可用专家调查等方法获得具有经验性的主观评价资料。

(2)建立风险模型。以取得的有关风险事件的数据资料为基础，对风险事件发生的可能性和可能的结果给出明确的量化的描述，即风险模型。该模型又分为风险概率模型和损失模型，分别用以描述不确定因素与风险事件发生概率的关系，以及不确定因素与可能损失的关系。

(3)风险发生的概率和后果的估计。项目风险模型建立以后，就可以用适当的方法去估计每一风险事件发生的概率和可能造成的后果。通常用概率来表示风险事件发生的可能性。

(4)项目风险评价。经对不同风险事件发生概率和可能出现的后果估计后，就具备了对项目整体风险，或某一部分风险，或某一阶段风险进行评价的条件。通常是将风险事件的发生概率和可能的结果结合起来进行评价。

3.3.1.3　项目风险估计的内容

(1)风险事件发生可能性的估计。投资项目风险估计的首要任务是分析和估计风险事件发生的概率，即风险事件发生可能性的大小，这是项目风险分析估计最重要和最困难的一项工作。主要原因在于两方面：一是与风险事件相关的系列数据的收集相当困难；二是不同投资项目差异性较大，用类似投资项目数据推断当前项目风险事件发生的概率，其误差可能较大。

(2)风险事件后果严重程度的估计。项目风险估计的第二项任务是分析和估计投资项目风险事件发生以后，其后果的严重程度，即投资项目风险事件可能带来损失的大小。在项目实施的过程中，经常会遇到这样的情况：风险事件发生的概率不一定很大，但它一旦发生，其后果是十分严重的。

(3)风险事件影响范围的估计。项目风险估计的第三项任务是对风险事件影响范围的估计，包括分析风险事件可能影响的部位，或可能影响的方面和工作。在项目实施过程中，对某些风险事件，其发生的概率和本身造成的后果都可能不是很大,但一旦发生会影响到工程项目的各个方面或许多工作,此时,有必要对其进行严格的控制。

(4)风险事件发生时间的估计。项目风险事件的发生时间,即风险事件出现的时间,也是项目风险事件分析中的重要工作。这有两方面的考虑:一是从风险控制角度看,可根据风险事件发生的时间先后进行控制,一般情况下,早发生的风险应优先采取控制措施,而对于相对迟发生的风险,则可通过对其进行跟踪和观察,并抓住机遇进行调节,以降低风险控制成本;二是在项目实施过程中,对某些风险事件,完全可以通过时间上的合理安排,以大大降低其发生的概率或减少其可能带来的后果。

3.3.2 风险事件发生概率估计方法介绍

3.3.2.1 客观概率和主观概率

风险事件发生的概率或概率分布分析是进行项目风险估计的基础。一般而言,风险事件的发生概率或概率分布应由历史资料和数据来确定,即所谓客观概率。在实际工作中,有时不能获得充分的信息计算客观概率,比如对一项大型工程的分析,通常难以进行大量的试验,再加之要分析的风险事件是未来出现的,很难对其作出准确分析。但在风险决策分析中,又必须对事件出现的概率进行估计。此时,只好由决策者或分析人员对事件发生的概率作出主观估计。这种既没有足够的历史数据作依据,又未通过试验或精确计算,主要靠个人主观判断获得的概率称为主观概率。主观估计虽然是一种个人的主观判断,但它并不是随心所欲、毫无任何依据的瞎猜,而是估计者根据当时所获得的其他相关信息、类似的经验数据以及个人的合理判断与理性分析得到的结果。因此,可以认为,主观概率是客观概率的近似值。主观概率在风险估计中的应用近年来已日益受到人们的关注和重视,应用也越来越广。随着人们对主观概率重视程度的加强,人们也正在研究许多方法以提高主观估计的准确性和客观性。

主观估计是用较少信息量作出估计的一种方法,它常表现为分析者个人对风险发生的概率作出迅速的直接判断。对于不能通过试验或没有足够的历史数据来估计风险的情况，直接判断是一种有效和可行的方法。分析人员进行主观判断时，实际上是在运用自己长期积累的经验和相关知识，并将其转化为一种估计风险状态概率的有用信息。这些信息虽然不是一种可用于客观估计的直接信息，即属于隐性信息，但是用做主观估计以获得主观概率，这些信息是非常重要的。虽然主观估计有时存在一定偏差，甚至是较大的偏差，主观概率在风险决策分析中仍然发挥着重要作用。近年来，人们也正在研究在主观概率估计中运用科学的方法来提高主观估计精度，减小主观判断的偏差。

主观概率的概率分布与客观概率的概率分布一样，有离散型和连续型两种。对于连续型分布，常见的是正态分布和均匀分布。

此外，主观概率的估计还可以通过累积概率法、专家咨询法、社会调查法等多种方法进行。

需要指出的是，主观概率的估计是一种主观度量，它直接受主观概率估计者的经验、知识、判断能力以及心态、倾向、情绪等因素的影响。因此，在应用主观概率估计值时，需要对该估计人员的具体情况作全面了解。有的人思想偏保守，估计值可能偏小；有的人思想激进、敢于冒险，估计值可能偏高。必要时，应对估计值作出修正。

3.3.2.2　外推法

外推法是合成估计的一种方法，在预测和信号处理等学科中已大量采用。在项目管理实践过程中的应用表明，这也是一种项目风险分析与估计的有效方法，它可分为前推、后推和旁推三种类型。

1）前推法

前推就是根据历史的经验和数据推断出未来事件发生的概率及其后果。如果历史数据具有明显的周期性，那么外推就可认为将来的情况会是历史的简单重现，也就是将历史数据的序列特性直接投射到未来的状况中，据此直接对项目风险作出周期性的评估和分析。

如果从历史记录中看不出明显的周期性或历史数据不能构成很好的序列，可以简单地认为已获得的数据只是应有数据序列的一部分，并且这一序列又服从某一曲线或分布函数可以表示的趋势，那么就可以根据现有数据通过拟合曲线或函数之后再进行外推。

此外,在用这一方法进行分析时,在必要的时候还需要根据逻辑上或实践上的可能性去推断过去未发生过的事件在将来发生的可能性。这是因为历史记录可能会有失误或不完整的地方,另外,毕竟每一项目的情况也会不尽相同。各种环境的变化都会影响项目的实际运作。同时,在运用这种方法进行分析时,还得注意历史数据的不完整性和主观性,并需要结合个人或集体的经验进行判断。

2)后推法

后推法是在手头没有历史数据可供使用时所采用的一种方法。由于项目的一次性和不可重复性,所以在项目风险评估和分析时常用后推法。后推就是把未知的想象的事件及后果与某一已知事件及其后果联系起来,也就是把未来风险事件归结到有数据可查的造成这一风险事件的一些初始事件上,从而对风险作出评估和分析。例如,某地要建设一个大型化肥厂,需要考虑大雨成灾的风险。但是关于该地水灾发生情况并没有数据可查,这时就可采用后推法进行分析。可将水灾的概率与当地的一些水文数据,如年降水量等联系起来,考虑到该地区已有的或设计的排水条件,根据降水量的数据,我们可以估算出足以引起一定规模水灾的“假想的大雨”,再根据此假想大雨的概率,对水灾风险作出估计。

3)旁推法

旁推法就是利用类似项目的数据进行外推,用某一项目的历史记录对新的类似项目可能遇到的风险进行评估和分析。

这三种外推法在项目风险分析与评价中都得到了广泛的应用。

3.3.3 风险损失的估计

项目风险损失估计是风险估计的一个重要方面,其估计的精度直接影响到项目决策或项目风险应对措施的选择。

3.3.3.1 项目风险损失的标的

项目风险损失就是项目风险一旦发生后,将会对项目目标的实现形成不利的影响。这种影响对象,即损失的标的,一般包括下列4个方面:①进度拖延;②费用超计划;③质量事故或技术性能指标严重达不到要求;④安全事故。

3.3.3.2　进度损失的估计

此处主要考虑风险事件对工程项目进度方面造成损失的估计问题,一般分下面两步进行:①风险事件对局部进度影响的估计;②风险事件对整个影响的估计。

3.3.3.3　费用损失的估计

费用损失的估计和风险发生概率的估计相比,在风险管理中占有同样重要的地位,特别是在风险决策分析中。如果费用损失估计不准,可能会导致相反的结果,选择完全不同的方案。对风险管理者而言,费用损失估计需要估计风险事件带来的一次性最大损失和对项目产生的总损失。

3.3.3.4　项目风险损失的估计应注意的问题

项目风险损失估计是否科学合理直接关系到风险评价或风险决策的结果。在项目风险损失估计时一般应注意下列问题:

(1)有关损失费用的计算和原项目估价的计算口径最好要一致。

(2)在项目风险决策或风险控制措施选择等问题上,在计算不同方案的风险损失时,其方法要一致,计算参数选择、计量方法等方面要统一,这样才有可比性,所得方案才是满足优化目标的方案。

3.4　风险估计(Ⅱ)——概率模型

在项目风险管理中,广泛收集和风险事件相关的资料数据,并对这些资料数据进行加工处理,找出其规律,是估计风险事件发生概率和损失的重要途径与方法。

在项目风险估计中,通常使用一定的概率模型来描述风险因素或风险事件所具有的不确定性。这种不确定性,一方面包含着风险因素或风险事件的不确定性,反映随机变量的实际变化;另一方面,也包含着随机变量统计过程中的不确定性。在项目风险事件发生概率的分析计算时,要在充分认识风险因素或风险事件不确定本质特性基础上,寻求其统计规律性,建立符合客观实际的概率模型。

3.4.1　风险估计常用的概率估计模型

概率估计模型种类很多，这里主要介绍在项目风险管理中经常用到的概率分布。

3.4.1.1　均匀分布

如果连续型随机变量 X 的密度函数为：

$$f(x) = \begin{cases} 1/(b-a), & a \leqslant x \leqslant b \\ 0, & \text{其他} \end{cases}$$

则称 X 服从 $[a,b]$ 上的均匀分布。均匀分布的分布函数为：

$$f(x) = \begin{cases} 0, & x \leqslant a \\ (x-a)/(b-a), & a < x < b \\ 1, & x \geqslant b \end{cases}$$

均匀分布的意义是：X 取值于 $[a,b]$ 中任一区间 $[c,d]$ 的概率只与该小区间的长度 $d-c$ 成正比，而与该小区间的具体位置无关。

均匀分布是误差分析常用的分布之一，在项目风险分析中，其在统计仿真蒙特卡罗方法中占有重要的地位。

3.4.1.2　二项分布

如果重复进行几次贝努利试验，则“成功”的次数服从的分布为二项分布。其分布密度为：

$$P(X = x) = C_n^x P^x (1-P)^{n-x}, x = 0,1,\cdots,n$$

其中 X 为在每次试验中“成功”出现的概率。此概率分布是二项式 $(p+q)^n$ 展开式的第 $K+1$ 项，故称为二项分布，记为 $B(n,p)$。

3.4.1.3　泊松分布

当二项分布中的 n 相当大，p 又较小时，二项分布可用 $\lambda = np$ 的泊松分布来近似代替。泊松分布的密度为：

$$P(X = x) = \frac{\lambda^x}{x!} e^{-\lambda}$$

$$x = 0,1,2,\cdots$$

$$\lambda > 0$$

泊松分布同二项分布一样，应用面很广。在风险分析中，常用于机器出现故障、产品质量出现问题的概率推算。

3.4.1.4　指数分布

指数分布主要用于产品寿命风险分析,其概率密度为:

$$f(x)=\begin{cases}\lambda e^{-\lambda x}, & x\geqslant 0(\lambda>0)\\ 0, & x<0\end{cases}$$

则称随机变量 X 服从参数为 λ 的指数分布,指数分布的分布函数为:

$$f(x)=\begin{cases}0, & x\leqslant 0\\ 1-e^{-\lambda x}, & x>0\end{cases}$$

在进行设备使用寿命或故障事件间隙分析时,常常是采用指数分布,$1/\lambda$ 称为平均寿命。

3.4.1.5　正态分布

正态分布是最常见的分布,也是风险分析中经常采用的概率分布。现实生活中的许多变量都服从或近似服从正态分布,比如,人的生理特征(如身高、体重、智商等),自然现象中海洋的深度、雨量、积雪厚度等,经济生活中的企业盈利水平、投资获利水平(收益率)等,上述变量本身服从正态分布,其试验、观测和测量误差也都服从正态分布。

正态分布应用的广泛性,还在于其有很好的数学性质。一方面,许多非正态分布以正态分布作为其渐近分布或极限分布,比如二项分布、泊松分布等都以正态分布作为其渐近分布;另一方面,任意样本均值的分布都以正态分布为其极限分布。当总体是正态分布时,则不论样本容量大小,样本均值都服从正态分布;当总体不服从正态分布时,只要样本容量足够大,样本均值的分布也趋于正态分布。

正态分布的概率密度为:

$$f(x)=\frac{1}{\sigma\sqrt{2\pi}}e^{-\frac{(x-\mu)^2}{2\sigma^2}},\ -\infty<x<+\infty,\sigma>0$$

正态分布的密度函数曲线如图 3-4 所示。

正态分布简记作 $N(\mu,\sigma^2)$,当 $\mu=0,\sigma=1$ 时,相应的分布 $N(0,1)$ 称为标准正态分布。

在给定了概率分布或获得有关信息条件时,便可对风险发生的可能性作出量的估计。为了便于对若干种决策方案进行比较分析,我们

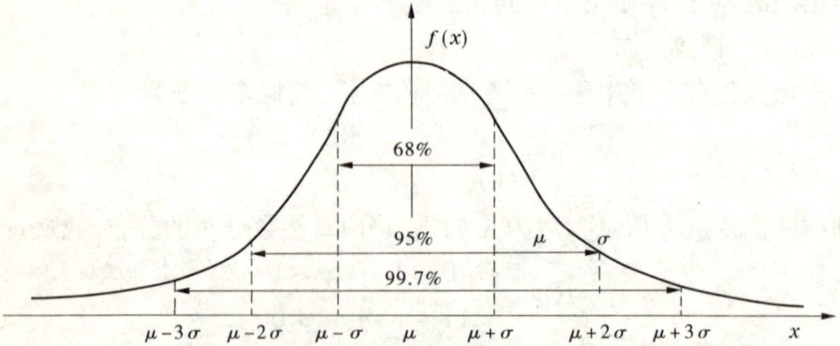

图 3-4　正态分布的密度函数曲线

引进风险度(FD)的概念。风险度是指风险决策系统中所考察的变量标准差与平均值之比,即:

$$FD = \frac{\sigma}{M_x}$$

式中:σ 表示标准差;M_x 表示平均值;FD 表示风险度。

上式表明,风险度越大,决策系统实际值与预期值的背离就越大,也就是说,对未来的决策结果越没有把握,风险程度越大。

3.4.2　分布函数的检验

在项目风险分析中,经常用样本的分布来代替总体分布,其方法有点估计法、直方图法和概率图法。这些方法直观、简单,但其精度较低。因此,对于一些精度要求较高的风险发生概率的分析,如风险事件发生概率并不大,但若发生其损失很大的情况,就需要用数理统计分析方法对这种假设(粗略估计的)分布的合理性进行检验。假设检验总的思路为:①给定分布;②选取适当检验水平;③确定检验用的统计量;④按实测数据计算统计量;⑤作出判断,即作出拒绝或接受假设分布的判断。

分布函数假设检验方法有多种,如 χ^2 检验、t 分布、F 分布等。

3.4.2.1　χ^2 检验

设总体 $X \sim N(0,1)$,采用重复抽样的方式从总体中抽取一个样本

$(x_1, x_2, \cdots, x_n)$，即各变量 $x_i(i=1,2,\cdots,n)$ 相互独立，它们的平方和记为 χ^2，即：

$$\chi^2 = (x_1^{\ 2} + x_2^{\ 2} + \cdots + x_n^{\ 2})$$

则称统计量 χ^2 服从的分布为参数 n 的 χ^2 分布，记为 $\chi^2(n)$，其密度函数为：

$$f(x) = \begin{cases} \dfrac{1}{2^{n/2}}\Gamma(\dfrac{n}{2})\chi^{\frac{n}{2}-1}e^{-\frac{x}{2}}, x \geqslant 0 \\ 0, \qquad\qquad x < 0 \end{cases}$$

其密度曲线如图 3-5 所示。

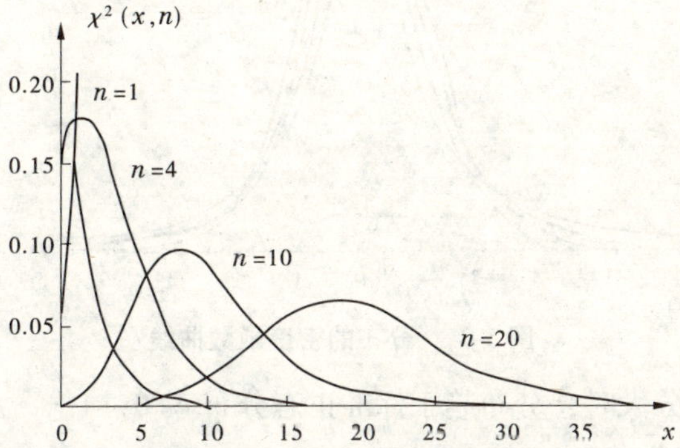

图 3-5　χ^2 分布的密度函数曲线

χ^2 分布具有如下性质：

(1) $E(\chi^2)=n, D(\chi^2)=2n$。

(2) $\chi^2(n)$ 分布对参数 n 具有可加性。即若 $\chi_1^2 \sim \chi^2(n_1)$，$\chi_2^2 \sim \chi^2(n_2)$，且相互独立，则 $\chi_1^2+\chi_2^2 \sim \chi^2(n_1+n_2)$。

如果样本 $(x_1, x_2, \cdots, x_n)$ 来自于正态总体 $N(\alpha, \sigma^2)$，数理统计已证明样本平均数 $\bar{x}=\sum\frac{x_i}{n}$ 与样本方差 $s^2=\sum\frac{(x_i-\bar{x})^2}{(n-1)}$ 相互独立，且统计量为 $\frac{(n-1)s^2}{\sigma^2} \sim \chi^2(n-1)$。

3.4.2.2　t 分布

设 $x \sim N(0,1)$，$y \sim \chi^2(n)$，且 x 与 y 相互独立，则统计量 $t = \frac{x}{\sqrt{y/n}}$ 服从自由度为 n 的 t 分布，记为 $t \sim t(n)$。其密度函数为：

$$f(x) = 1/(\sqrt{n\pi}\,\Gamma(n/2))\,\Gamma(n+1/2)(1+\chi^2/n)^{-\frac{n+1}{2}}$$

其密度曲线如图 3-6 所示。

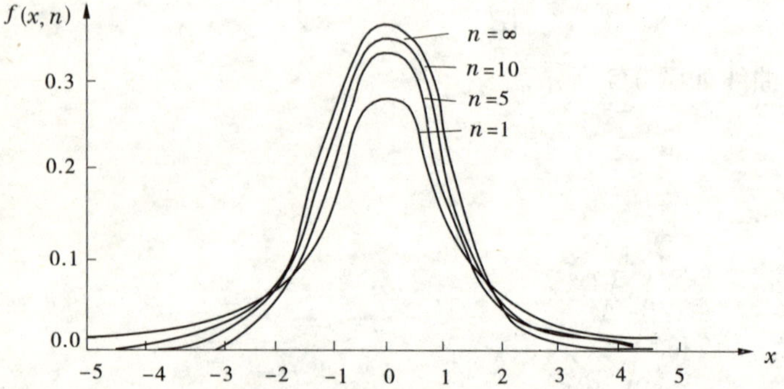

图 3-6　t 分布的密度函数曲线

当 n 充分大时，t 分布趋于标准正态分布 $N(0,1)$。

3.4.2.3　F 分布

设相互独立的随机变量 V 和 W 分别服从自由度为 n_1，n_2 的 χ^2 分布，即

$V \sim \chi^2(n_1)$，$W \sim \chi^2(n_2)$，则随机变量 $F = \frac{V/n_1}{W/n_2}$ 所服从的分布为 F 分布。n_1，n_2 分别是它的第一自由度和第二自由度，且通常记为 $F \sim F(n_1, n_2)$。其概率密度函数为：

$$f(x, n_1, n_2) = \begin{cases} B(n_1, n_2)\dfrac{x^{\frac{n_1}{2}-1}}{\left(1+\dfrac{n_1 x}{n_2}\right)^{\frac{n_1+n_2}{2}}}, & x \geqslant 0 \\ 0, & x < 0 \end{cases}$$

其中：

$$B(n_1,n_2)=\frac{\Gamma(\frac{n_1+n_2}{2})}{\Gamma(\frac{n_1}{2})\Gamma(\frac{n_2}{2})}\cdot(\frac{n_1}{n_2})^{\frac{n_1}{2}}$$

1)期望与方差

期望与方差分别为:

$$E(F)=\frac{n_2}{n_2-2}\quad(n_2>2)$$

$$D(F)=\frac{n_2^2}{(n_2-2)^2}\cdot\frac{2(n_1+n_2-2)}{n_2(n_2-4)}\quad(n_2>4)$$

2)查表

查表得:

$$P(F>F_\alpha)=\int_{F_\alpha}^{\infty}f(x)\mathrm{d}x=\alpha\quad(0<\alpha<1)$$

3)性质

性质如下:

$$F_{1-\alpha}(n_1,n_2)=\frac{1}{F_\alpha(n_2,n_1)}$$

4)有关 F 分布的重要结论

(1)设随机变量 X,Y 相互独立,分别服从自由度为 n_1,n_2 的 χ^2 分布,则:

$$F=\frac{X/n_1}{Y/n_2}$$

服从自由度为 (n_1,n_2) 的 F 分布。

(2)设随机变量 $X_1,X_2,\cdots,X_{n_1}$ 相互独立,且都服从正态分布 $N(\mu_1,\sigma_1^2)$;随机变量 $Y_1,Y_2\cdots,Y_{n_2}$ 相互独立,且都服从正态分布 $N(\mu_2,\sigma_2^2)$,则:

$$F=\frac{s_1^2/\sigma_1^2}{s_2^2/\sigma_2^2}$$

服从自由度为 (n_1-1,n_2-1) 的 F 分布,其中:

$$\overline{X} = \frac{1}{n_1}\sum_{i=1}^{n_1} X_i, \overline{Y} = \frac{1}{n_2}\sum_{i=1}^{n_2} Y_i$$

$$s_1^2 = \frac{1}{n_1 - 1}\sum_{i=1}^{n_1}(X_i - \overline{X})^2, s_2^2 = \frac{1}{n_2 - 1}\sum_{i=1}^{n_2}(Y_i - \overline{Y})^2$$

特别地,若 $\sigma_1^2 = \sigma_2^2, F = \frac{s_1^2}{s_2^2}$服从自由度为$(n_1 - 1, n_2 - 1)$的 F 分布。

(3)设随机变量 $X_1, X_2, \cdots, X_{n_1}$ 相互独立,且都服从正态分布 $N(\mu_1, \sigma_1^2)$;随机变量 $Y_1, Y_2, \cdots, Y_{n_2}$ 相互独立,且都服从正态分布 $N(\mu_2, \sigma_2^2)$,则:

$$F = \frac{s_1^2\sigma_1^2}{s_2^2\sigma_2^2}$$

服从自由度为$(n_1 - 1, n_2 - 1)$的 F 分布,其中:

$$\overline{X} = \frac{1}{n_1}\sum_{i=1}^{n_1} X_i, \overline{Y} = \frac{1}{n_2}\sum_{i=1}^{n_2} Y_i$$

$$s_1^2 = \frac{1}{n_1 - 1}\sum_{i=1}^{n_1}(X_i - \overline{X})^2, s_2^2 = \frac{1}{n_2 - 1}\sum_{i=1}^{n_2}(Y_i - \overline{Y})^2$$

特别地,若 $\sigma_1^2 = \sigma_2^2, F = \frac{s_1^2}{s_2^2}$服从自由度为$(n_1 - 1, n_2 - 1)$的 F 分布。

5)F 分布的分位数

设随机变量 F 服从自由度为(n_1, n_2)的 F 分布,对于给定的概率水平 $\alpha(0 < \alpha < 1)$,满足等式:

$$P(F \geqslant F_\alpha(n_1, n_2)) = \int_{F_\alpha(n_1, n_2)}^{+\infty} f(x)\,\mathrm{d}x = \alpha$$

的正数 $F_\alpha(n_1, n_2)$,称为自由度为(n_1, n_2)的 F 分布 α 水平的上侧分位数(见图 3-7)。

一般只对较小的 $\alpha(\alpha \leqslant 0.25)$ 编制 F 分布的上侧分位数 $F_\alpha(n_1, n_2)$的数值表,当 α 较大($\alpha \geqslant 0.75$)时,为求上侧分位数,可利用下面的关系式:

$$F_\alpha(n_1, n_2) = \frac{1}{F_{1-\alpha}(n_2, n_1)}$$

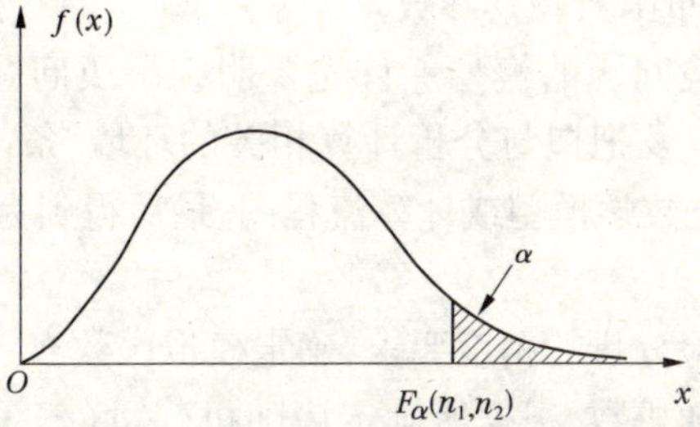

图 3-7　F 分布 α 水平的上侧分位数

例如,若求 $F_{0.95}(12,15)$,需要先查 F 分布上侧分位数表得 $F_{0.05}(15,12)=2.62$,再利用上面的关系式,得:

$$F_{0.95}(12,15) = \frac{1}{F_{0.05}(15,12)} = \frac{1}{2.62} = 0.3817$$

3.5　风险估计(Ⅲ)——蒙特卡罗模拟法的应用

蒙特卡罗(Monte Carlo)是摩纳哥的一个著名赌城。在统计学中,蒙特卡罗一词已成为数字模拟试验的专用术语。对于一些大型项目或复杂决策系统的风险分析,所包含的风险状态变量难以直接获得变量值。例如,一项经济决策问题受利率、通货膨胀率、市场景气度等因素影响。这些因素都是不确定的变量,要对这些随机因素对决策系统的影响作出直接估计或进行试验研究都是很困难的。蒙特卡罗模拟法(MC法)为解决类似的问题提供了新的手段。蒙特卡罗模拟法的实质是利用服从某种分布的随机变量来模拟现实系统中可能出现的随机现象。采用蒙特卡罗模拟分析法必须借助计算机进行大量的模拟试验才能得到有价值的分析结果。

3.5.1　一般模拟步骤

采用蒙特卡罗模拟法分析项目风险,一般的模拟步骤为:

(1)风险数据收集与统计检验。收集各风险因素的相关数据,对其进行加工分析,估计它们的分布函数和分布参数,并作统计检验,确定风险因素的分布函数及其参数。

(2)建立风险问题的模型。首先要明确解决问题的实质,确定分析计算的目标,以及把握与分析计算相关的环境、条件等基本问题;其次将其抽象,建立数学模型或计算流程图;最后得到为计算机所能接受的计算程序。

(3)根据风险分析的精度要求,确定模拟次数 N。

(4)产生伪随机数,根据所确定诸随机变量($x_1,x_2,\cdots,x_n$)的分布类型和参数,随机抽取一组与随机变量($x_1,x_2,\cdots x_n$)相对应的随机数 $x_1,x_2,\cdots,x_n$。

(5)根据所建立的数学模型或计算流程图计算出状态函数值,即得到一个随机事件的样本值。

(6)重复步骤(4)和(5)N 次,取得 N 个随机样本值。

(7)对 N 个样本值进行统计分析,得到分布曲线,并检验其概率分布,估计其均值和标准差。

3.5.2 模拟次数

在蒙特卡罗模拟法中,模拟次数 N 是首先要确定的参数。模拟次数 N 与蒙特卡罗模拟法的计算精度直接相关,并且对随机事件模拟和随机变量模拟,它们的模拟次数 N 有不同的计算公式。下面介绍给定置信度 β 和误差 ε 条件下,计算它们的模拟次数 N 的公式。

3.5.2.1 随机事件模拟次数 N 的计算

由于随机事件抽样试验是概率为 p 的伯努利试验,因此估计值 p_r 的期望值 $E(p_r)$ 为:

$$E(p_r) = E(\frac{M}{N}) = p$$

p_r 的方差 $\mathrm{var}(p_r)$ 和标准差 σ_{pr} 分别为:

$$\mathrm{var}(p_r) = \mathrm{var}(\frac{M}{N}) = \frac{\mathrm{var}(M)}{N^2} = \frac{p(1-p)}{N}$$

$$\sigma_{p_r} = \sqrt{\frac{p(1-p)}{N}}$$

在项目风险评价中，经常用计算得到的 p_r 作为 p 的估计值，则误差表达式为：

$$P(|p_r - p| < \varepsilon) = \beta$$

式中：β 为置信度；ε 为误差。

当样本充分大时，用中心极限定理估计 ε：

$$\varepsilon = U\sqrt{\frac{p(1-p)}{N}}$$

其中：$U = \Phi^{-1}(\frac{\beta+1}{2})$，因此有：

$$N = \frac{U^2}{\varepsilon^2}p(1-p)$$

当样本较小时，用切比雪夫不等式估计 ε：

$$\varepsilon = \sqrt{\frac{p(1-p)}{N(1-\beta)}}$$

因此有

$$N = \frac{p(1-p)}{\varepsilon^2(1-\beta)}$$

以上式中，U、p 待定。

在 ε 和 β 给定的基础上，由 $\Phi(U) = \frac{\beta+1}{2}$ 查正态分布表，以确定 U；对于 p 先模拟 N_0 次。

3.5.2.2　随机变量模拟次数 N 的计算

为取得随机变量 x 的期望值 $E(x)$，对 x 做模拟，用样本均值 $\bar{x}$ 代替总体期望值 $E(x)$，则其误差可表达为：

$$P(|\bar{x} - E(x)| < \varepsilon) = \beta$$

此处，又可分总体分布未知和总体分布已知两种情况讨论。

1）总体分布未知，随机变量模拟次数 N 的计算

当总体分布未知，且样本较大时，用中心极限定理估计误差 ε：

$$\varepsilon = U\frac{\sigma}{\sqrt{N}}$$

因而有：

$$N=\frac{U^2}{\varepsilon^2}\sigma^2$$

式中：置信度 β 给定；U 由给定 β，经查 $\Phi=\frac{\beta+1}{2}$ 确定；对 σ^2，用估计随机变量 x 样本量为 N_0 的方差 $s_{N_0}^2$ 代之，最后即可计算 N。

计算 $s_{N_0}^2$ 采用的公式为：$s_{N_0}^2=\frac{1}{N_0-1}\sum_{i=1}^{N_0}(x_i-\bar{x})^2$，并有：$\bar{x}=\sum_{i=1}^{N_0}\frac{x}{N_0}$。

当总体分布未知，且样本较小时，用切比雪夫不等式估计误差 ε：

$$\varepsilon=\frac{\sigma}{\sqrt{N(1-\beta)}}$$

因而有：

$$N=\frac{\sigma^2}{\varepsilon^2(1-\beta)}$$

式中：误差 ε 和置信度 β 给定；对 σ^2，用估计随机变量 x 样本量为 N_0 的方差 $s_{N_0}^2$ 代之，最后即可计算 N。

2）总体分布已知，随机变量模拟次数 N 的计算。

用 t 分布估计误差 ε：

$$\varepsilon=\frac{s_N}{\sqrt{t}}t^2$$

即有

$$N=\frac{s_N^2}{\varepsilon^2}t^2$$

式中：在给定误差 ε 和置信度 β 后，首先对随机变量 x 作 N_0 次模拟，得到子样方差 $s_{N_0}^2$，并用 $s_{N_0}^2$ 替代样本量为 N 的方差 s_N^2；其次由 β 和 N_0-1 查 t 分布表，得到 $t(N_0-1)$；最后即可计算 N。

蒙特卡罗模拟法的特点是，随着模拟次数的增加，计算结果的可靠性增大。在手工模拟条件下，由于工作量大，蒙特卡罗模拟法的应用难以推广。随着计算机的不断普及，蒙特卡罗模拟法在风险分析中已成为常用的分析方法。在企业经营管理决策分析中，管理人员可以借助这一有效方法，构建一个数字化实验室，在计算机上实现对决策系统的风险模拟分析，并根据分析结果选择最佳方案。不仅如此，管理人员还可运用蒙特卡罗模拟法对决策系统的状态变量进行敏感性分析，例如对某一企业是否开发一种新产品进行决策风险分析。在该决策问题中，决策系统的状态变量包括未来市场对该产品的需求量、产品的价格、生产成本、竞争态势等。采用蒙特卡罗模拟法，可以对上述状态变量的不同发生概率进行敏感性变化模拟分析，以发现各种状态变量对决策结果的影响程度。经过多次动态模拟和比较分析，就可以找出最敏感、最主要的状态因素，并把它作为管理过程中的主要控制目标。

蒙特卡罗模拟法的基本思想是，若已知描述项目风险状态的概率分布，根据项目目标或规定的状态函数 $g(x_1,x_2,\cdots,x_n)$，利用抽样技术，生成符合状态变量概率分布的一组随机变量 $(x_1,x_2,\cdots,x_n)$，将其代入状态函数 $g(x_1,x_2,\cdots,x_n)$，得到状态函数的一个随机变量。用同样的方法，产生 N 个类似这样的状态函数的随机变量。若在 N 个状态函数的随机变量中有 M 个小于等于（或大于等于）项目目标或规定的值 X_0，当 N 充分大时，由大数定律可知，此时的频率已接近概率，因而可得项目的风险率 p_r：

$$p_r = \lim_{n\to\infty} P\{g(x_1,x_2,\cdots,x_N) \leqslant X_0\} = \frac{M}{N}$$

或

$$p_r = \lim_{n\to\infty} P\{g(x_1,x_2,\cdots,x_N) \geqslant X_0\} = \frac{M}{N}$$

在项目风险分析中，由于用以描述项目风险发生概率或风险损失的数学公式或方程包含一些非初等的分布函数时，往往问题变得较为复杂，因此难以得到解析解。应用蒙特卡罗模拟法的主要优点在于：只要求能正确地用数学公式描述项目风险发生的概率，从原则上说总可找到解。当在计算机上做多次试验后，其解将会取得满意的精度。

蒙特卡罗模拟法的主要缺陷有下列几点：

(1)蒙特卡罗模拟法只是一种数值计算的方法，即只能给出问题的可行解，而得不到一般的通解；若要得到最优解或满意解，则要通过多次模拟，具有与枚举法类似的弱点。

(2)蒙特卡罗模拟法不是用纯数学的方法去确定各变量的数值关系,而是通过建立数学模型,在计算机上做试验,是通过试验求解的一种方法。一般它只能给出模型试验的最终解,而不能得到一些中间成果。

(3)蒙特卡罗模拟法在模拟试验过程中要求每一随机变量独立。此外蒙特卡罗的模拟过程是一重复的运行过程,常常需要占用较多的计算机内存和耗费较多的时间。

以上缺陷是由蒙特卡罗模拟法自身的性质所决定的,但随着计算机科学和技术的发展,这些问题将会得到不同程度的改善。蒙特卡罗模拟法是风险管理领域一种有效的分析计算工具。

3.6 风险评价

项目风险估计仅对风险事件发生的概率(可能性)和引起的损失进行了讨论,而没有涉及各风险事件的共同作用,也没有考虑风险事件的发生概率和引起损失的综合后果。本节的重点则是讨论各风险事件作用下项目整体风险的分析评价。

3.6.1 风险评价概述

3.6.1.1 项目风险评价的作用

在项目管理中,项目风险评价是一必不可少的环节,其作用主要表现在:

(1)通过风险评价,确定风险大小的先后次序。对项目中各类风险进行评价,根据它们对项目目标的影响程度,包括风险出现的概率和后果,以确定它们的排序,为考虑风险控制先后次序和风险控制措施提供依据。

(2)通过风险评价,确定各风险事件间的内在联系。项目中各种各样的风险事件,乍看是互不相干的,但当进行详细分析后,便会发现某一些风险事件的风险源是相同的或有着密切的关联。

(3)通过风险评价,把握风险之间的相互关系,将风险转化为机会。

(4)通过风险评价,可进一步认识已估计的风险发生的概率和引起的损失,降低风险估计过程中的不确定性。当发现原估计和现状出入较大,必要时可根据项目进展现状,重新估计风险发生的概率和可能的后果。

3.6.1.2　项目风险评价的步骤

项目风险评价一般可按下列步骤进行:

(1)确定项目风险评价标准。项目风险评价标准就是项目主体针对不同的项目风险,确定的可以接受的风险率。一般而言,对单个风险事件和项目整体风险均要确定评价标准,可分别称为单个评价标准和整体评价标准。

(2)确定评价时的项目风险水平,其中包括单个风险水平和整体风险水平。项目整体风险水平是综合了所有风险事件之后确定的。要注意的是,确定项目整体风险水平后,总是要和项目的整体评价标准相比较,因此整体风险水平的确定方法要和整体评价标准确定的原则和方法相适应,否则两者就缺乏可比性。

(3)比较,即将项目单个风险水平和单个评价标准、整体评价标准和整体风险水平进行比较,进而确定它们是否在可接受的范围之内,或者考虑采取什么样的风险应对措施。

3.6.2　风险评价方法

风险评价方法主要有风险报酬法、风险当量法、决策树法、计划评审技术、解析法、层次分析法、模糊综合评价法等。

3.6.2.1　风险报酬法(又称调整标准贴现率法)

依据投资学理论,资金除有时间价值,同时还存在风险价值,即投资者因在投资中冒风险而取得报酬,故而有风险投资和风险补偿(报酬)之说。风险越大,风险报酬越大;反之亦然。基于这一理论,风险报酬的大小应随投资项目的类型不同而有所变化,反映出“风险大,报酬也大”的一般趋势。一般说来,投资项目可根据对风险主观估计判断而进行粗略划分。例如可以划分成无风险、低风险、中等风险、高风险四类。

在进行经济评价时，除采用标准的贴现率，还必须考虑风险的报酬问题，即考虑将各方案分为若干等级，不同的风险方案规定一个与之对应的风险贴现率。此时采用的标准贴现率应该是无风险贴现率和调整风险贴现率之和，以此作为基准评价方案的可取性标准。此时项目的净现值(NPV)表示为：

$$NPV = \sum_{t=0}^{T} \frac{NCF_t}{(1+i)^t}$$

式中：T 为项目工期；NCF_t 为第 t 年度项目的净现金流量；i 为考虑了资金风险价值的评价贴现率，即：

$$i = i_f + i_r$$

其中，i_f 为无风险的标准贴现率；i_r 为风险补偿的调整贴现率。

按此方法计算，如果 $NPV \geqslant 0$，则此投资方案可取。计算内部收益率 IRR 也以($i_f + i_r$)作为评价取舍的标准，即由下式可解出内部收益 IRR 的值：

$$\sum_{t=0}^{T} \frac{NCF_t}{(1+IRR)^t} = 0$$

若 $IRR \geqslant i_f + i_r$，则投资方案可取；否则风险偏大，不可取。

显然风险报酬法采取的是一种保守的态度。优点是直观、易懂易算。但此方法有如下几个缺点：在各方面资料不齐全的情况下为每一种方案估算一个准确的风险补偿贴现率比较困难，没有对每一项目的风险进行详细的辨识分析过程，没有考虑项目在整个寿命周期内风险随时间的变化；用一个大于无风险贴现率的调整风险贴现率同标准贴现率混在一起贴现，暗含着项目的风险是随时间增加的，这与实际也有些差异。

3.6.2.2　风险当量法

风险报酬法有如上缺点，因此可以把对贴现率的调整转化为对净现金流量的调整，即采用风险当量法。先用当量系数 α_t 把含风险的净现金流量化为等价的无风险净现金流量，然后计算净现值 NPV 或内部收益率，以决定项目的可取程度。

风险当量系数是指无风险的净现金流量占有风险的净现金流量的比例。即：

$$\alpha_t = \frac{NCF'_t}{NCF_t}$$

式中：NCF_t 为第 t 年有风险的净现金流量；NCF'_t 为经过当量因子 n 调整后的无风险净现金流量；α_t 为第 t 年的风险调整因子。

风险越大，α_t 值越小；风险越小，α_t 值越大。α_t 的取值在 0 ~ 1。

对于 α_t 值选取，由于不同的投资项目风险程度不同，不同时期的现金流量预测的精度不一样，因而每一年的风险程度也不同。可以根据不同类型的投资和每年现金流量的方差系数，对每年的现金流量乘以不同的因子，其乘积作为确定的值，等价于这年具有风险的现金流量。因为乘以当量因子后已转化为无风险的现金流量，故贴现率采用无风险贴现率 i_f。

这种方法的缺点是：不同的评价者 α_t 取值不同，不同的投资额、环境以及其他施工、技术设备上的差异会对 α_t 造成多大的影响，α_t 有何变化规律，都难以确定。另外，如何确定有风险的净现金流量 NCF_t 的值，其依据仍取决于决策者的判断，这给评判结果带来某种随意性，没有提到科学决策的高度。

3.6.2.3 决策树法

根据项目风险问题的基本特点，项目风险的评价既要能反映项目风险背景环境，同时又要能描述项目风险发生的概率、后果以及项目风险的发展动态。决策树这种结构模型既简明又符合上述两项要求。

采用决策树法来评价项目风险，往往比其他评价方法更直观、清晰，便于项目管理人员思考和集体探讨，因而是一种形象化和有效的项目风险评价方法。

树是图论中的一种图的形式，因而决策树又叫决策图。它是以方框和圆圈为节点，由直线连接而成的一种树枝形状的结构，图 3-8 是一个典型的决策树图。决策树图一般包括以下几个部分：

“□”表示决策节点，从这里引出的分枝叫方案分枝，分枝数量与方案数量相同。决策节点表明从它引出的方案要进行分析和决策，在分枝上要注明方案名称。

“○”表示状态节点，也称之为机会节点。从它引出的分枝叫状态分枝或概率分枝，在每一分枝上注明自然状态名称及其出现的主观概率。状态数量与自然状态数量相同。

“△”表示结果节点。将不同方案在各种自然状态下所取得的结果（如收益值）标注在结果节点的右端。

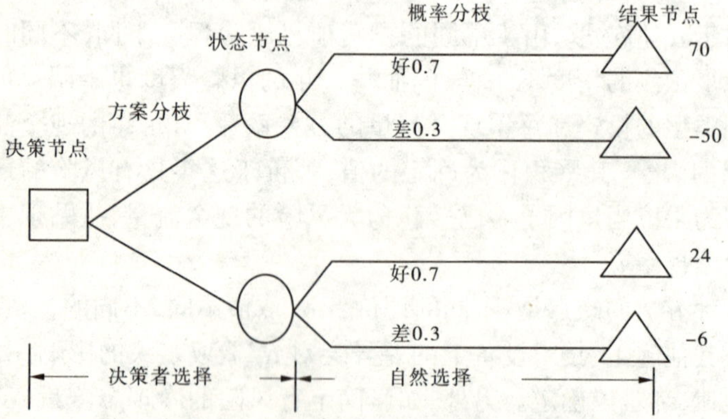

图 3-8　典型决策树图

3.6.2.4　计划评审技术

计划评审技术（PERT）是网络模型的一种，主要是揭示项目在费用和时间进度方面的风险。该方法认为项目各工序时间和总工期都是随机变量，使用该技术进行风险评价先要找出项目工序的关键路线，并根据概率论假定总工期服从正态分布。

PERT 注重对工序的评价和审查，多应用于研究与开发项目。这类项目一般都缺少先例，各工序开始、结束以及持续时间都是不确定的。PERT 把这种不确定性带来的工期和成本风险归因于随机性，因此通过对这种随机性的分析和评价可揭示出项目工期和成本的风险情况。此外，PERT 还通过确定各工序之间的逻辑关系和合适工序时间以及所用资源识别出有关风险。

用 PERT 进行进度风险评价时必须注意以下几点：①该方法假设

了各工序时间都服从最低值、最可能值和最高值三点分布，但实际的工序时间不一定都是这样；②考虑项目总工期的概率分布时，是以按肯定型的关键路线法求得的关键路线为基础。实际上，由于各工序时间的随机性，不仅项目总工期是随机的，而且关键路线也是随机的。因此，项目总工期的数学期望和方差就不应该只对一个固定的关键路线来进行计算。

3.6.2.5　解析法

利用解析法对投资项目进行风险分析，就是将风险分析与反映工程项目特征的投入、产出流结合起来，在综合考虑主要风险因素影响的情况下，对随机投入、产出流的概率分布进行估计，并对各个投入、产出流之间的各种关系进行探讨。在风险评价阶段，解析法吸收了动态经济评价方法的合理性，将风险分析与动态投入、产出相结合，用项目预期投入、产出及净效益的现值的平均离散程度来度量风险，进而得到表示风险程度的净效益的概率分析。

一个项目的净效益，就是在项目分析期内每年投入、产出流折现值的总和。由风险辨识与估计可知，每个周期的投入、产出流只在概率意义上才是可知的。在统计出经验分布的基础上，净效益流有一个主要的变化趋势，可以用其分布的均值与方差表示。由于每一周期的投入、产出流为一随机变量，因而把每个周期的折现随机投入、产出流加起来得到的项目净效益流也是一个随机变量，可以描述出其概率分布。

3.6.2.6　层次分析法

层次分析法（Analytical Hierarchy Process，AHP）是美国数学家A. L. Saaty在20世纪70年代提出的。它是一种定性分析和定量分析相结合的评价方法，在项目风险评价中运用灵活、易于理解，而又具有一定的精度。其评价的基本思路是：评价者将复杂的风险问题分解为若干层次和若干要素，并在同一层次的各要素之间简单地进行比较、判断和计算，得到不同方案风险的水平，从而为方案的选择提供决策依据。该方法的特点是：可细化项目风险评价因素体系和权重体系，使其更为合理；对方案评价，采用两两比较法，可提高评价的准确程度；对结果的分析处理，可以对评判结果的逻辑性、合理性进行辨别和筛选。

1)层次分析法风险评价模型

用层次分析法评价项目风险，首先是确定评价的目标，再明确方案评价的准则和各指标，然后把目标、评价准则连同各方案构成一个层次结构模型，如图 3-9 所示。在这个模型中，评价目标、评价准则和评价方案处于不同的层次。

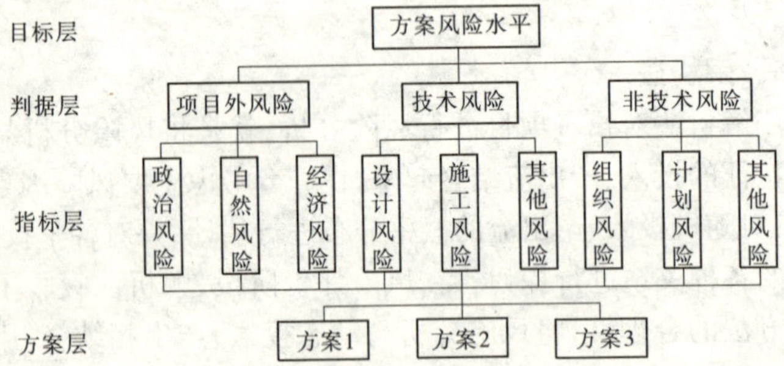

图 3-9 风险评价层次结构模型

2)因素两两比较评分和判断矩阵

项目风险评价模型确定后，请具有项目风险管理经验的人员对各风险因素进行两两比较评分。两两比较评分以表 3-1 所示的分值表示。经评分可得若干两两判断矩阵表，如表 3-2 所示。

表 3-1 风险评价分值表

分值 a_{ij}	含义
1	因素 i 比因素 j 同等重要
3	因素 i 比因素 j 略微重要
5	因素 i 比因素 j 重要
7	因素 i 比因素 j 明显重要
9	因素 i 比因素 j 绝对重要
2、4、6、8	介于两相邻重要程度之间
倒数	相应两因素交换次序的重要性比较

表3-2　两两判断矩阵表

判断项 w_j	A_1	A_2	…	A_n
A_1	a_{11}	a_{12}	…	a_{1n}
A_1	a_{21}	a_{22}	…	a_{2n}
⋮	⋮	⋮		⋮
A_n	a_{n1}	a_{n2}	…	a_{nn}

3）计算各判断矩阵权重、排序，并作一致性检验

第一步，求判断矩阵每行所有元素的几何平均值$\overline{w_j}$：

$$\overline{w_j} = \sqrt[n]{\prod_{j=1}^{n} a_{ij}}$$

第二步，将$\overline{w_j}$归一化，计算 w_j：

$$w_j = \frac{\overline{w_i}}{\sum_{i=1}^{n} w_i}$$

第三步，计算判断矩阵的最大特征值 $\lambda_{\max}$：

$$\lambda_{\max} = \sum_{i=1}^{n} \frac{(Aw)_i}{nw_i}$$

第四步，计算 CI，进行一致性检验。在算出 $\lambda_{\max}$ 后，可计算 CI，进行一致性检验，其公式如下：

$$CI = \frac{\lambda_{\max} - n}{n - 1}$$

式中：n 为判断矩阵阶数。

由表3-3，查随机一致性指标 RI，并计算比值 CI/RI，当 $CI/RI < 0.1$ 时，判断矩阵一致性达到了要求；否则重新进行判断，写出新的判断矩阵。

第五步，为获得层次目标中每一指标或评价方案的相对权重，有必要进行各层次的综合计算，然后对相对权重进行总排序。指标的相对权重：$w(i) = w_i w_{ij} w_{ijk} \cdots$。

表 3-3　随机一致性指标 RI

矩阵阶数	1	2	3	4	5	6	7	8	9	10
RI	0	0	0.52	0.89	1.12	1.26	1.36	1.41	1.46	1.49

4）计算综合总评分

获得评价方案各指标的评分后，计算加权平均值，即得综合总评分。总评分最高者即为风险最大的方案。

3.6.2.7　模糊综合评价法

模糊综合评价法是利用模糊集理论评价风险的一种方法。风险很大一部分难以用安全定量的精确数据加以描述，这种不能定量的或精确的特性就是模糊性。模糊综合评价方法的基本思想是：在确定评价因素、因子的评价等级标准和权值的基础上，运用模糊集合变换原理，以隶属度描述各因素及因子的模糊界线，构造模糊评判矩阵，通过多层的复合运算，最终确定评价对象所属等级。

设有 n 个评价等级，m 个一级评价指标（因素），每个一级指标又包含多个二级指标（因子），并用 U、V、V_i 等符号表示，即：

等级论域　$U=\{u_1,u_2,\cdots,u_n\}$

因素论域　$V=\{V_1,V_2,\cdots,V_m\}$

因子论域　$V_i=\{v_1,v_2,\cdots,v_k\}$

由于 U 与 V 之间存在模糊关系 $\underline{R}$，可表示为模糊矩阵形式：

$$\underline{R}=\begin{matrix} & \begin{matrix} u_1 & u_2 & \cdots & u_n \end{matrix} \\ \begin{cases} V_1 \\ V_2 \\ \vdots \\ V_m \end{cases} & \begin{bmatrix} r_{11} & r_{12} & \cdots & r_{1n} \\ r_{21} & r_{22} & \cdots & r_{2n} \\ \vdots & \vdots & & \vdots \\ r_{m1} & r_{m2} & \cdots & r_{mn} \end{bmatrix} \end{matrix}=(r_{ij})_{m\times n}$$

其中 r_{ij} 表示第 i 个评价因素 V_i 对第 j 个等级的隶属度，它依赖于 V_i 所包含的各个因子对各等级的隶属度及各因子对因素的权重，设 V_i 所包含的第 p 个因子对第 q 个等级的隶属度为 $s_{pq}^i(p=1,2,\cdots,k;q=1,2,\cdots,n)$，第 p 个因子对该因素的权重为 w_p^i，则：

$$(r_{i1},r_{i2},\cdots,r_{in}) = (w_1^i,w_2^i,\cdots,w_k^i)\begin{bmatrix} s_{11}^i & s_{12}^i & \cdots & s_{1n}^i \\ s_{21}^i & s_{22}^i & \cdots & s_{2n}^i \\ \vdots & \vdots & & \vdots \\ s_{k1}^i & s_{k2}^i & \cdots & s_{kn}^i \end{bmatrix}$$

这样就确定了模糊关系矩阵。

记一级评价因素的权重为:

$$A = (A_1,A_2,\cdots,A_m)$$

则综合评价结果为:

$$B = A\underline{R} = (b_1,b_2,\cdots,b_n)$$

若 $b_k = \max(b_1,b_2,\cdots,b_n)$,则评价对象属于第 k 类。

实践评价工作中,评价者往往由多类人员组成(如专家类、领导类、同行类、学生类),各类人员的评价结果的重要性不同,此时可以这样进行:先分别按上述方法求出各类评价人员的综合评价结果,最后作加权平均得出总评价结论。

设有 K 类评价人员,他们的综合评价结果分别为向量 $B_1,B_2,\cdots,B_K$,权值分别为 $T_1,T_2,\cdots,T_K$,则总评价结论为:

$$B = (T_1,T_2,\cdots,T_K)(B_1,B_2,\cdots,B_K)^T$$

3.7 实证研究——水利工程经济风险的识别与分析

3.7.1 南水北调工程概况

南水北调工程是我国为解决北方地区(特别是黄淮海流域)缺水问题的一项战略性基础设施工程,是基于我国南北分布极度不均匀的水资源现状而进行优化配置提出的,它关系到黄淮海地区经济社会和生态环境可持续发展的长远利益,也影响到全国宏观经济和社会发展。工程时间跨度很长,其中一期工程为2002~2009年、二期工程为2011~

2030年、三期工程为2030~2050年,预计各期工程完工后每年调水规模可分别达185亿m^3、335亿m^3、450亿m^3。

3.7.2 经济风险识别

南水北调工程是一项十分复杂的经济活动,通过采用专家调查法的识别可知,它的经济风险主要有以下几个方面。

3.7.2.1 融资风险

投资项目经济效益与资金成本密切相关,资金结构不合理、贷款利率升高以及外汇汇率的不利变化等,都会导致资金成本比预期升高。特别是南水北调工程耗资上千亿元,资金结构十分复杂,中央与地方政府都要负担部分资金,资金若不及时到位,会延误工期,加大投资,不仅耽误了项目效能的发挥,还会大大影响项目的效益。融资风险主要有融资方式风险、资金到位不及时风险、利率风险等。

3.7.2.2 成本回收风险

(1)设计风险。引发设计风险的因素主要有设计内容不全、缺陷设计、错误和遗漏、规范不恰当、不考虑地质条件、不考虑施工可能性、工艺设计未达到先进性指标、工艺流程不合理、不考虑操作安全性等。

(2)工期风险。南水北调工程涉及多项工程,如加高堤坝、挖沟开渠、建渡河槽,以及其他配套设施,是一个大的系统工程,一环扣一环。任何环节出现问题,都有可能影响其他环节,进而造成工期延误,所以这方面的风险因素应予重视。

(3)工程技术风险。这里主要指工程系统的安全保证性问题。南水北调工程中交叉建筑物很多,规模巨大,需要确定按什么标准设计,才能使得投资最小,同时工程风险又能达到可以承受的水平,是一项很复杂的工作。

3.7.2.3 市场风险

市场因素的变化也会带来水价和水的需求量变动、国家经济能力变动,从而影响到南水北调工程的经济效益。

(1)经济能力风险。兴建大规模的基础设施工程必须有经济上的支持,南水北调工程同样也需要国家的综合经济实力作为后盾,以保证工程项目的顺利实施和良好运行。按2000年上半年价格水平初步框架,近期东线一、二期和中线一期工程总投资1 300亿~1 500亿元,其中主体工程投资800亿~850亿元,配套工程投资500亿~650亿元。由此可见,南水北调工程经费是十分巨大的。但是今后国家是否还能保持经济平稳发展的势头,是否能够抵御通货膨胀预期的影响,各级财政能否继续支持这样大规模工程的建设等,这些风险因素都是我们不得不考虑的。

(2)水价风险。在我国水资源是自然的公共资源、水利工程是公益性事业的观点一直占据着主导地位,人们普遍认为服务成本就应该由财政承担,而忽视了水利工程成本回收的首要途径就是依靠收取水费来实现的,缺乏甚至是没有意愿支付其实际消费水量的费用,使得相关管理机构不能依据服务成本、支付能力、机会成本、增值成本和市场价格等因素制定水价。那么,该如何决定南水北调的水价,水价中该加入多少服务成本呢?若水价过高,售不出去,则难以维持工程正常管理运行和养护维修,或由建设部门、政府背上沉重的财政补贴。若水价过低,也会使工程成本不能及时回收。这些都会引发经济风险。

(3)其他替代品竞争风险。当水价大幅度提高后,沿海地区海水直接利用和海水淡化将具有很强的市场竞争力。海河流域城市自来水价迟早要提高到5元/t以上,而海水淡化的成本有望降低到5元/t以下。高耗水行业必将向沿海迁移聚集,以利用海水优势。海水直接利用和海水淡化对常规淡水的替代,很可能危及南水北调工程的市场效益。

(4)需求量下降风险。目前的南水北调工程规划只讨论了企业和居民对水价的承受能力,而没有考虑水价大幅度提高后企业用水行为的改变。水价的大幅度提高必然使企业通过节水、替代等途径减少用水量,因而需水量会明显下降。南水北调工程可能会遇到水价大幅度提高后北方地区需水量下降,甚至不用南水北调工程水的风险。

3.7.2.4 水源风险

(1)水质不合格风险。从一定程度上讲,能否解决好水污染的防治问题,关系南水北调工程的成败。但从“九五”、“十五”期间我国重点治理的淮河流域的实际效果来看,投资几十亿元效果却很不明显,所以南水北调工程的治污前景不容乐观,水质风险较大。

(2)无水可调风险。在可行性研究阶段,尽管对拟利用的资源情况有所调研,但由于技术能力的局限性和客观事物本身存在的不确定性,有可能对资源情况认识不足,因此项目实施后,资源供给不符合需要,成为项目的风险源。比如,南水北调中线工程的近期水源直接来自丹江口水库和汉江,目前就有人担心丹江口水库和汉江的水源本不很丰足,干旱年份可能自顾不暇,因此当北方缺水时,南方无水可调的风险很大。

(3)北方丰水期不缺水风险。北方海河流域、黄河流域自 20 世纪 70 年代以来降水一直偏少,这是目前北方缺水的主要原因之一。但如果枯水期结束,降水转为 20 世纪 50、60 年代那样的丰水期,北方就不再缺水。这意味着当北方丰水期时南水北调工程就要闲置,效益难以发挥。

(4)设计调水规模过大风险。调水工程经济风险中的预测调水规模过大风险也是值得关注的。产生这种风险的原因主要是在工程的供需平衡预测中未考虑产业布局和产业结构调整、工艺改进等节水措施对需水增长的抑制作用。

3.7.2.5 其他风险

(1)合同风险。合同风险主要包括两个方面:一是合同文件出现错误,模糊不清,各文件之间不一致;二是合同条款有漏洞、不严谨,没有将双方责任、权利表达清楚,没有预计到合同实施过程中可能发生的各种情况。如果在合同中没有严密的表达,很可能给工程索赔留下隐患。

(2)移民征地风险。南水北调工程占地多,移民多,水库淹没土地多,大部分移民需要外迁安置,安置难度大。移民问题如解决不好可能会引发一系列经济问题,对工程建设进度、投资以及今后的运行会带来较大的风险，因而管理部门必须妥善解决移民安置问题，保证移民生活水平的稳定和提高。

(3)突发事故风险。该工程工作量极大，在施工中要小心一切突发事故所引发的风险，如自然风险、火灾伤亡风险、坍塌事故风险等。这些风险发生概率虽然较小，但是一旦发生，经济损失巨大。

3.7.3　经济风险分析

应当说，目前南水北调工程大局已定，评价方法和指标的研究对决策已经不会产生任何影响，但是鉴于南水北调工程施工期长，运行期的不确定因素太多，如何保证项目顺利实施，如何评价项目的各个阶段、各项工程的实施成果，保证项目完工后能实现预期的目标，是项目决策层、管理层和具体实施机构需要解决的问题。考虑到南水北调工程中经济风险因素多、风险识别难度大且难以做试验，很难计算客观概率，因此本节在采用专家调查法对其经济风险作出合理的风险识别后，用模糊层次分析法进行综合评判。

3.7.3.1　构建经济风险评判指标体系

根据该工程的特点，采用专家调查法确定项目经济风险17项，并建立如图3-10所示的南水北调工程经济风险综合评判指标体系。

3.7.3.2　判断矩阵及其特征向量确定

在风险识别的基础上，通过比较准则层各风险因素对目标层以及指标层各风险因素相对应于准则层各风险因素的两两相比的重要程度，可得表3-4～表3-9。

1)准则层风险因素判断矩阵及其特征向量

根据表3-4，建立准则层风险因素判断矩阵：

$$B=\begin{bmatrix}1 & 1/5 & 1/6 & 1/2 & 2\\ 5 & 1 & 1/3 & 4 & 6\\ 6 & 3 & 1 & 5 & 7\\ 2 & 1/4 & 1/5 & 1 & 3\\ 1/2 & 1/6 & 1/7 & 1/3 & 1\end{bmatrix}$$

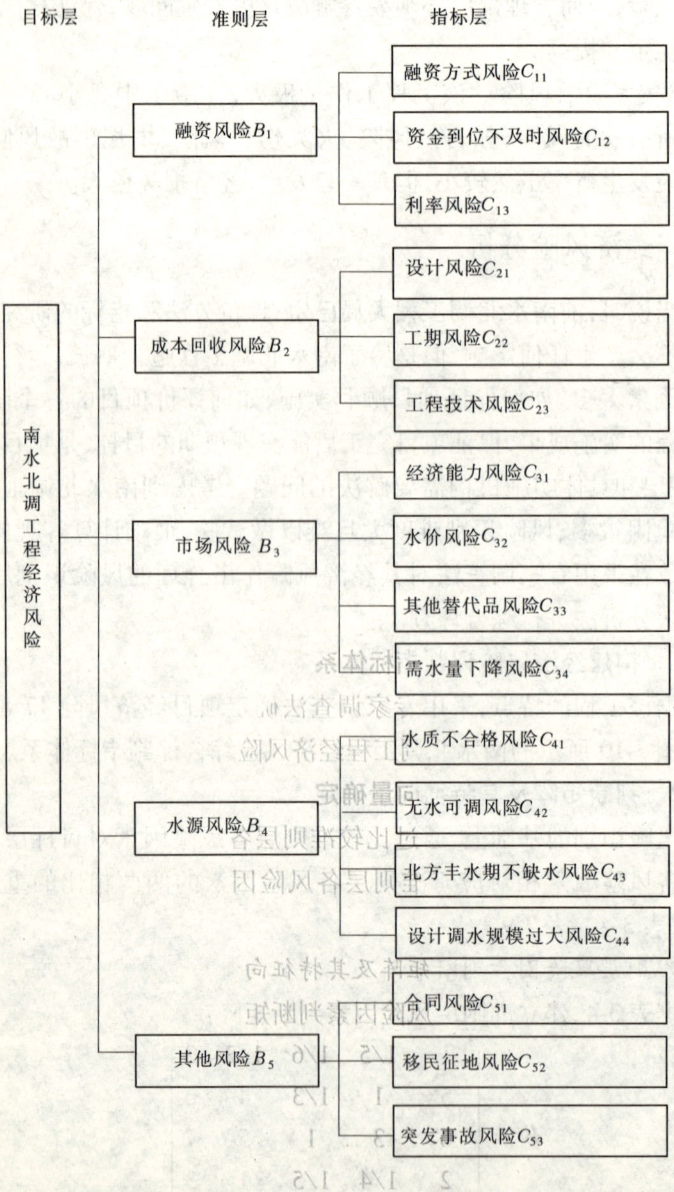

图 3-10 南水北调工程经济风险综合评判指标体系

表 3-4

	B_1	B_2	B_3	B_4	B_5
B_1	1	1/5	1/6	1/2	2
B_2	5	1	1/3	4	6
B_3	6	3	1	5	7
B_4	2	1/4	1/5	1	3
B_5	1/2	1/6	1/7	1/3	1

表 3-5

	C_{11}	C_{12}	C_{13}
C_{11}	1	1/3	2
C_{12}	3	1	5
C_{13}	1/2	1/5	1

表 3-6

	C_{21}	C_{22}	C_{23}
C_{21}	1	2	1/4
C_{22}	1/2	1	1/5
C_{23}	4	5	1

表 3-7

	C_{31}	C_{32}	C_{33}	C_{34}
C_{31}	1	1/4	2	1/5
C_{32}	4	1	3	1/4
C_{33}	1/2	1/3	1	1/6
C_{34}	5	4	6	1

表 3-8

	C_{41}	C_{42}	C_{43}	C_{44}
C_{41}	1	4	5	3
C_{42}	1/4	1	3	1/3
C_{43}	1/5	1/3	1	1/4
C_{44}	1/3	3	4	1

表 3-9

	C_{51}	C_{52}	C_{53}
C_{51}	1	4	5
C_{52}	1/4	1	2
C_{53}	1/5	1/2	1

计算判断矩阵 B 的各行平均值：

$$\begin{bmatrix} (1+1/5+1/6+1/2+2)/5 \\ (5+1+1/3+4+6)/5 \\ (6+3+1+5+7)/5 \\ (2+1/4+1/5+1+3)/5 \\ (1/2+1/6+1/7+1/3+1)/5 \end{bmatrix} = \begin{bmatrix} 0.773 \\ 3.267 \\ 4.400 \\ 1.290 \\ 0.429 \end{bmatrix}$$

归一化得到特征向量：

$$V = \begin{bmatrix} 0.773/(0.773+3.267+4.400+1.290+0.429) \\ 3.267/(0.773+3.267+4.400+1.290+0.429) \\ 4.400/(0.773+3.267+4.400+1.290+0.429) \\ 1.290/(0.773+3.267+4.400+1.290+0.429) \\ 0.429/(0.773+3.267+4.400+1.290+0.429) \end{bmatrix} = \begin{bmatrix} 0.076 \\ 0.322 \\ 0.433 \\ 0.127 \\ 0.042 \end{bmatrix}$$

因为：

$$B_w = BV = \begin{bmatrix} 1 & 1/5 & 1/6 & 1/2 & 2 \\ 5 & 1 & 1/3 & 4 & 6 \\ 6 & 3 & 1 & 5 & 7 \\ 2 & 1/4 & 1/5 & 1 & 3 \\ 1/2 & 1/6 & 1/7 & 1/3 & 1 \end{bmatrix} \begin{bmatrix} 0.076 \\ 0.322 \\ 0.433 \\ 0.127 \\ 0.042 \end{bmatrix} = \begin{bmatrix} 0.360 \\ 1.608 \\ 2.785 \\ 0.573 \\ 0.238 \end{bmatrix}$$

所以最大特征值:

$$\lambda_{\max} = \frac{1}{5} \times \left(\frac{0.360}{0.076} + \frac{1.608}{0.322} + \frac{2.785}{0.433} + \frac{0.573}{0.127} + \frac{0.238}{0.042}\right) = 5.264$$

进行一致性检验:

$$CI = \frac{\lambda_{\max} - n}{n - 1} = \frac{5.264 - 5}{5 - 1} = 0.066$$

查取随机性指标 $CR = 1.12$,因此$\frac{CI}{CR} = \frac{0.066}{1.12} = 0.059 < 0.1$,满足一致性检验。

2)指标层判断矩阵及其特征向量

(1)指标层 C_1:同理,根据表3-5,得判断矩阵 C_1 为:

$$C_1 = \begin{bmatrix} 1 & 1/3 & 2 \\ 3 & 1 & 5 \\ 1/2 & 1/5 & 1 \end{bmatrix}$$

归一化得到特征向量:$W_1 = [0.238 \quad 0.641 \quad 0.121]^T$,并经过计算得出判断矩阵 C_1 的最大特征 $\lambda_{\max} = 3.005$。

因为 $CI = \frac{\lambda_{\max} - n}{n - 1} = \frac{3.005 - 3}{3 - 1} = 0.002$,所以$\frac{CI}{CR} = \frac{0.002}{0.58} = 0.004 < 0.1$,满足一致性检验。

(2)指标层 C_2:同理,根据表3-6,得判断矩阵 C_2 为:

$$C_2 = \begin{bmatrix} 1 & 2 & 1/4 \\ 1/2 & 1 & 1/5 \\ 4 & 5 & 1 \end{bmatrix}$$

归一化得到特征向量:$W_2 = [0.217 \quad 0.114 \quad 0.669]^T$,并经过计算得出判断矩阵 C_2 的最大特征 $\lambda_{\max} = 3.033$。

因为 $CI=\frac{\lambda_{\max}-n}{n-1}=\frac{3.033-3}{3-1}=0.016$，所以 $\frac{CI}{CR}=\frac{0.016}{0.58}=0.028<0.1$，满足一致性检验。

(3)指标层 C_3：同理，根据表 3-7，得判断矩阵 C_3 为：

$$C_3=\begin{bmatrix}1 & 1/4 & 2 & 1/5\\ 4 & 1 & 3 & 1/4\\ 1/2 & 1/3 & 1 & 1/6\\ 5 & 4 & 6 & 1\end{bmatrix}$$

归一化得到特征向量：$W_3=[0.116\quad 0.278\quad 0.067\quad 0.539]^T$，并经过计算得出判断矩阵 C_3 的最大特征 $\lambda_{\max}=4.258$。

因为 $CI=\frac{\lambda_{\max}-n}{n-1}=\frac{3.033-3}{3-1}=0.086$，所以 $\frac{CI}{CR}=\frac{0.086}{0.9}=0.095<0.1$，满足一致性检验。

(4)指标层 C_4：同理，根据表 3-8，得判断矩阵 C_4 为：

$$C_4=\begin{bmatrix}1 & 4 & 5 & 3\\ 1/4 & 1 & 3 & 1/3\\ 1/5 & 1/3 & 1 & 1/4\\ 1/3 & 3 & 4 & 1\end{bmatrix}$$

归一化得到特征向量：$W_4=[0.469\quad 0.165\quad 0.064\quad 0.301]^T$，并经过计算得出判断矩阵 C_4 的最大特征 $\lambda_{\max}=4.253$。

因为 $CI=\frac{\lambda_{\max}-n}{n-1}=\frac{4.253-4}{4-1}=0.084$，所以 $\frac{CI}{CR}=\frac{0.084}{0.9}=0.094<0.1$，满足一致性检验。

(5)指标层 C_5：同理，根据表 3-9，得判断矩阵 C_5 为：

$$C_5=\begin{bmatrix}1 & 4 & 5\\ 1/4 & 1 & 2\\ 1/5 & 1/2 & 1\end{bmatrix}$$

归一化得到特征向量：$W_5=[0.669\quad 0.217\quad 0.114]^T$，并经过计算得出判断矩阵 C_5 的最大特征 $\lambda_{\max}=3.033$。

因为 $CI=\frac{\lambda_{\max}-n}{n-1}=\frac{3.033-3}{3-1}=0.016$，所以 $\frac{CI}{CR}=\frac{0.016}{0.58}=0.028<$

0.1,满足一致性检验。

3)计算指标层风险因素的系统特征向量

计算得到:

$$U = WV = \begin{bmatrix} 0.238 & 0 & 0 & 0 & 0 \\ 0.641 & 0 & 0 & 0 & 0 \\ 0.121 & 0 & 0 & 0 & 0 \\ 0 & 0.217 & 0 & 0 & 0 \\ 0 & 0.114 & 0 & 0 & 0 \\ 0 & 0.669 & 0 & 0 & 0 \\ 0 & 0 & 0.116 & 0 & 0 \\ 0 & 0 & 0.278 & 0 & 0 \\ 0 & 0 & 0.067 & 0 & 0 \\ 0 & 0 & 0.539 & 0 & 0 \\ 0 & 0 & 0 & 0.469 & 0 \\ 0 & 0 & 0 & 0.165 & 0 \\ 0 & 0 & 0 & 0.064 & 0 \\ 0 & 0 & 0 & 0.301 & 0 \\ 0 & 0 & 0 & 0 & 0.669 \\ 0 & 0 & 0 & 0 & 0.217 \\ 0 & 0 & 0 & 0 & 0.114 \end{bmatrix} \begin{bmatrix} 0.076 \\ 0.322 \\ 0.433 \\ 0.127 \\ 0.042 \end{bmatrix}$$

$$= [0.018 \quad 0.049 \quad 0.009 \quad 0.070 \quad 0.037 \quad 0.215 \quad 0.050 \quad 0.120 \quad 0.029 \quad 0.233 \quad 0.060 \quad 0.021 \quad 0.008 \quad 0.038 \quad 0.028 \quad 0.009 \quad 0.005]^T$$

3.7.3.3 工程经济风险度计算

(1)确定风险评判准则集。将评判准则划分为五等,即低风险 t_1、较低风险 t_2、中等风险 t_3、较高风险 t_4 和高风险 t_5,其风险度范围分别为[0,0.2],[0.2,0.4],[0.4,0.6],[0.6,0.8],[0.8,1],构成项目投资风险综合评判准则集:$T = (t_1, t_2, t_3, t_4, t_5)$。

(2)确定风险隶属度向量。通过采用专家调查法由专家直接给出指标层 C 中各风险因素相对于评判集 T 中各风险等级的从属程度,得出风险因素的隶属度向量矩阵:

$$R_{16\times5}=\begin{bmatrix}0.35&0.30&0.20&0.10&0.05\\0.04&0.16&0.60&0.10&0.10\\0.15&0.25&0.40&0.15&0.05\\0.05&0.15&0.60&0.15&0.05\\0.30&0.40&0.15&0.10&0.05\\0.10&0.24&0.35&0.20&0.11\\0.14&0.25&0.40&0.15&0.06\\0.12&0.27&0.32&0.21&0.08\\0.20&0.25&0.30&0.15&0.10\\0.25&0.30&0.25&0.10&0.10\\0.08&0.22&0.50&0.15&0.05\\0.02&0.28&0.34&0.20&0.16\\0.40&0.30&0.12&0.10&0.08\\0.20&0.25&0.30&0.15&0.10\\0.16&0.30&0.35&0.15&0.04\\0.10&0.30&0.40&0.10&0.10\\0.50&0.30&0.15&0.03&0.02\end{bmatrix}$$

(3)计算工程经济风险度：

$$S=U^{T}\times R_{16\times5}=[0.1582\quad 0.2583\quad 0.3487\quad 0.1507\quad 0.0842]$$

从向量矩阵 S 的结果可以看出，五个数中 0.348 7 最大，隶属于风险等级 t_3，说明南水北调工程发生中等经济风险的可能性最大。因此，其经济风险度等级应评定为中等风险，然后按隶属度值大小，其发生风险的程度依次为较低风险、低风险、较高风险、高风险。

3.7.4 水利工程经济风险的规避与防范

风险的规避与防范是针对风险识别和量化的结果，为了提升实现目标的机会、降低风险对项目目标的威胁，而制定风险应对策略和技术手段的过程。风险应对计划的编制必须与风险的严重性、应对成本、项目环境下的实现性等相适应，得到所有项目参与方的认同，并且由专人负责。进行风险控制所采取的措施和方法主要有风险缓解、风险转移、风险规避、风险分离、风险自留等。

3.7.4.1　风险缓解

风险缓解的目标是降低风险发生的可能性或减少后果的不利影响。风险缓解既不是消除风险,也不是规避风险,而是风险的弱化。它通过事先控制或应急方案使风险不再发生,或一旦发生后使损失额最小或尽量挽回损失。风险缓解方案分三种:预控方案、应急方案、挽救方案。

(1)预控方案。经过对风险识别后,应对每一个风险进行详细的说明:风险产生原因、条件、环境、后果与控制发生的要领等,使每个当事人都明了,在做每一项工作前都要预先了解这一工作的风险和预控措施。如施工规划阶段要对施工地质、环境做详细的调查分析,还有施工过程中加强各方的沟通和协调,以防工期的拖延等。这些做法都是通过主动控制风险产生的条件,使风险发生的概率与后果降至最小而采取的一种主动积极预控方案。

(2)应急方案。应急方案的目的是使项目风险损失最小化,其往往是在损失发生时起作用的。由于经济上的原因,并不是对每一个风险都制订应急方案,而是对风险进行评价后,对那些出现概率较大或危害较严重的风险才制订应急方案。如火灾应急方案、人员伤亡事故应急方案、坍塌事故应急方案等。

(3)挽救方案。挽救方案的目的是将风险发生后造成损失的财务指标修复到最高的可使用的程度。一般而言,挽救方案是无法事先制定的,因为在风险发生之前不知道损害的部位和程度,因此不需要在风险发生前制订详尽的挽救方案,只须在应急方案中规定损失发生后的挽救方案研究小组的人员配备和工作程序。

3.7.4.2　风险转移

风险转移不是消除风险,而是将项目风险的结果连同相应的权利和责任转移给第三方。转移风险仅将风险管理的责任转移给他方,并不能消除风险,这也是一种事前的应对策略。这类风险控制措施多数是用来应付那些发生概率小,但是损失大,或者项目组织很难控制的项目风险。它主要是采用以下两种措施:

第一,通过签订合同将经济风险转移给分包商。根据工程项目的特点和实际,适当选择计价式合同形式,可降低水利工程的合同风险。例如,对于水文地质条件稳定且承包单位有良好的施工经验的中小型工程项目,其风险量较小,工程量变化不大,可以采用总价合同的报价方式。对于工程量变化的可能性和变化幅度均较大的工程项目,其风险量较大,应采取单价合同报价方式,将工程量、地质条件等风险转移给甲方。对于无法测算成本状况的工程,贸然估价可能导致极大的风险,宜采用成本加酬金合同,将工程风险全部转移给建设方。

第二,通过购买保险将经济风险转移给保险公司。保险是转移风险最常用的一种方法。项目管理者只要向保险公司缴纳一定数额的保险费,当风险事件发生后,就能获得保险公司的补偿,从而将风险转移给保险公司。在国际工程中不但项目业主自己为工程项目施工中的风险向保险公司投保,而且还要求承包商也向保险公司投保。除了保险,还可使用担保转移风险。所谓担保,是指为他人的债务、违约或失误负间接责任的一种承诺,在工程项目管理上常是指由银行、保险公司或其他非银行金融机构为项目风险负间接责任的一种承诺。

3.7.4.3 风险规避

风险规避分两种情况:一是当工程项目风险潜在威胁发生可能性太大,不利后果太严重,又无其他策略可用时,主动放弃项目或改变项目目标与行动方案,从而彻底回避风险的一种策略。如承包商通过风险评价后发现投某标段中标的可能性较小,而且即使中标,也存在亏损的风险,此时就应该放弃该工程的投标,以回避亏本的经济风险。但回避风险的同时也放弃了获得收益的机会。二是通过变更项目计划,从而消除风险本身或产生风险的条件,或者保护项目目标免受风险的影响。在项目早期出现的某些风险征候或征兆,可以通过明确需求、加强沟通、获取信息、集思广益等方式加以合理的规避。此外,对于风险较高的项目,采取缩减项目规范、延长项目时间、增加项目资源、运用稳妥的方案、选择熟悉的分包商等方法,都可以有效规避项目风险。

3.7.4.4 风险分离

风险分离是指将各风险分离间隔,以免发生连锁反应或互相牵连。

项目借助于风险分离，增加了独立承担风险单位的数量，在其他情况相同的前提下就可以减少风险。风险分离对策往往应用于水利工程材料设备的存放、资金来源多样化、多种施工方案、增加分包单位数量等方面。

3.7.4.5　**风险自留**

风险自留是指项目管理者将风险留给自己承担。该方法通常在下列情况下采用：①处理风险的成本大于承担风险所付出的代价；②风险发生可能造成的最大损失，项目管理者本身可以安全承担；③采用其他风险控制方法的费用超过风险造成的损失；④缺乏风险管理的技术知识，以至于自身愿意承担风险损失；⑤风险降低、风险抵消、风险分离、风险分散、风险转移等风险控制方法均不可行时。这一方法主要运用于控制那些风险损失较小、业主能够承担的风险。

对于以上所述几种风险控制方法，项目管理者可联合使用，也可单独使用。一般来讲，对项目进程和成本有重要的影响，并且会对相关项目造成冲击的重大事件的风险，必须进行定期、谨慎的重点监控，联合采取风险降低、分离、转移等措施进行防范控制；对项目有一定影响或可能冲击相关项目，预计不会对项目建设造成重大影响的风险，要进行定期监控，以确保其不转化为严重风险，可采取风险降低、分离、转移等各种措施；对项目造成的影响较小的轻微风险，应对其进行定期监控，可采取风险降低、转移、自留等措施。当然，这还需要管理者具体问题具体分析，不可盲目使用。

第4章 投资项目的综合评价

4.1 投资项目的综合评价概述

4.1.1 评价和评价系统

4.1.1.1 综合评价的概念和要素

评价,指衡量评定人或事物的价值。综合,是把分析过的对象或现象的各个部分、各属性联合成一个统一的整体。综合评价法(Comprehensive Evaluation Method),指运用多个指标对多个评价客体进行评价的方法,也称为多变量综合评价方法,或简称综合评价方法。综合评价的基本思想就是将多个指标转化为一个能够反映综合情况的指标来作出评判,如不同国家经济实力、不同地区社会发展水平、建设项目风险评价、企业经济效益评价等,都可以应用这种方法。综合评价是对研究对象功能的一种量化描述,它既可以利用时序统计数据去描述同一对象功能的历史演变,也可以利用统计数据去描述不同对象功能的差异。各种评价结果还可以用来研究对象的结构,并为优化结构指明方向。

综合评价的构成要素有多种分类。就综合评价的当事方而言,综合评价由两部分组成,即评价主体和评价客体。评价主体是指参与评价的人的群体,一般分为两个子系统,即由专家群体组成的智囊群和由领导集体组成的决策群。智囊群的主要任务在"谋略"。具体来说,一是要设计一套体现目的要求的指标体系;二是要选择一种以上有代表性的评价方法,计算出几个评价结果(也叫评价方案),提交决策群进行遴选。决策群的主要任务在"决断"。也就是说,领导集体必须对智囊群提出的备选方案加以利弊权衡,最终作出抉择。评价客体指评价的直接对象。评价目的不同,评价客体有不同的选择。在进行评价时,还需要考虑评价环境。评价环境指评价系统以外与评价活动联系紧密的其他部分，它是评价系统的外部因素。评价主体、评价客体和评价环境三者一起，构成了一个复杂的开放系统。

就综合评价的内涵要素而言，综合评价包含属性集和评价方法两个要素。属性集又称指标体系，是指描述评价对象功能的量。随着人们对世界认识的不断深化，描述评价对象功能的指标往往不止一个，而是若干个，它们一起构成一个多指标系统。评价方法是指完成评价工作的手段和技术路线。对多指标系统中的不同对象，往往无法直接比较其优劣，必须借助某种评价方法，将多指标系统转化成单指标系统，再进行对比。

就综合评价的本质而言，综合评价是一个信息处理系统。开展评价的过程，是一个将无序信息有序化的过程。这一过程所需处理的信息量非常大，必须依赖现代科学方法，借助于现代化的计算工具——计算机才能实现。

综合评价依不同的尺度可分为不同的种类。按评价对象所处的阶段不同，综合评价分为事前评价、中间评价、事后评价和跟踪评价。事前评价是在事件发生前或建设项目的决策过程中实施的综合评价，是以科学预测为基础，采用适当的方法对事件的发生可能性或效益、风险等所做的综合评价。事前评价为决策提供依据。中间评价是在事件已经发生但未最终形成，或建设项目已经实施但未最终建成时所做的综合评价，是以已经发生的部分事实和对未发生的事件的科学预测为基础，采用适当的方法对事件的未来或效益、风险等所做的综合评价。中间评价为决策的实施过程提供指导。事后评价是在事件发生后或建设项目建成后所做的综合评价，是以已经发生的事实为依据，采用适当的方法对事件的结果或效益、风险等所做的综合评价。事后评价为检验决策是否科学合理提供依据。跟踪评价是在事件发生后或建设项目建成后一段时间内所做的综合评价，是对已经发生的事实或已建项目的长期结果或长期效益、风险所做的评估。跟踪评价重在总结经验教训，以提高决策水平和政策水平。

按评价模式的不同，综合评价可分为传统评价模式和现代评价模式。传统评价模式以定性分析为主,优点是方法直观、简便,易于掌握;缺点是指标体系不全面、不规范,缺少定量分析,科技含量不高,主观成分过重。现代评价模式是对定性指标进行定量化分析,并借助现代化技术得出评价结论。现代评价模式是当今蓬勃兴起的一种评价模式,它代表着评价的发展方向。这一模式的优点是指标体系较全面、较规范;评价方法借助于对定性指标定量化,使指标体系成为可计算的,并可通过计算机软件予以实现。该模式要求尽可能排除主观成分,使评价结果体现科学、民主、公正、公平、公开的原则。

综合评价的过程不是逐个指标顺次完成的,而是通过一些特殊方法将多个指标的评价同时完成的;在综合评价过程中,一般要根据指标的重要性进行加权处理;评价结果不再是具有具体含义的统计指标,而是以指数或分值表示参评单位"综合状况"的排序。

一般来说,综合评价法的步骤如下:

(1)确定综合评价指标体系,这是综合评价的基础和依据。

(2)收集数据,并对不同计量单位的指标数据进行同度量处理。

(3)确定指标体系中各指标的权数,以保证评价的科学性。

(4)对经过处理后的指标进行汇总,计算出综合评价指数或综合评价分值。

(5)根据评价指数或分值对参评单位进行排序,并由此得出结论。

4.1.1.2 评价对象的属性集

属性集是综合评价的内涵要素之一。属性是关于目的的框架结构,是对研究对象本质特征的概括。属性集是评价对象多个本质特征的集合。指标是关于研究对象属性的测度,是对象属性的具体化,而属性集的具体化就是指标体系。综合评价因此又称为多属性对象的综合评价,是指按预定的目的,确定研究对象的多种属性(指标体系),并将这些属性变为客观定量的计分值或主观效用的行为。

属性集具有两个基本特性,即层次性及多样性。属性集的层次性表现为层次结构。第一层是目标层,第二层是分支层,最下层是测度层,它反映了人们从抽象到具体的思维过程。属性集的多样性是由于其组成元素受到多个因素的影响。属性集不仅受评价客体与评价目的的制约,如评价客体不同、评价目的不同,属性集也就不同;而且也受评价主体价值观念的影响,即使评价客体与评价目的相同,不同的评价主体也会设计出不同的属性集。

现实世界中事物的复杂性和评价目的的多样性,决定了属性集的复杂性和多变性。因此,设计属性集应遵循如下原则:

(1)整体性原则。属性集应涵盖为达到评价目的所需的基本内容。

(2)简要性原则。属性集要层次分明,简明扼要;每个属性要内涵清晰,相对独立。

(3)导向性原则。属性集应体现政策导向和国家宏观经济走向,切忌逆向指标。

(4)可比性原则。要尽可能采用相对属性,便于对不同对象进行对比。但为了反映对象之间规模上的差异,也应选取一些绝对属性。

(5)均匀性原则。凡开发周期较长或时间滞后较大的属性,诸如房地产开发中竣工面积之类属性,为避免属性值大起大落,以采用三年平均值为宜。

(6)可操作性原则。属性集所需数据原则上从现有统计指标中产生,少量需重新统计的指标应是确定的且易于采集的。

(7)实际性原则。应从我国企、事业单位和统计部门的现状出发,切忌照搬发达国家的属性集。

4.1.1.3 属性值的规范化

多属性(多指标)系统的每一种评价方法,都面临着属性(指标)之间不可公度的问题。这一问题包含两个方面:一是按何种规则将每个属性(指标)无量纲化;二是以何种方式区分各属性(指标)的相对重要性。后一个问题将在权重向量的赋值方法中讨论,这里讨论属性值的规范化,即无量纲化。

属性值的规范化,即无量纲化,其一是为解决属性之间不可公度的问题;其二是为解决不同属性之间数值上相差悬殊的问题。

属性按其自身的内涵,通常可以分成三类:效益型、成本型和区间型。效益型属性是指取值越大越好的属性，成本型属性是指取值越小越好的属性，而区间型属性是指取值越接近某个固定区间$[q_1^j, q_2^j]$越好的属性。

属性值规范化所必须遵循的一个基本原则，是对每个属性来说，对象全体在规范化前后次序不变，即满足保序性条件。

下面列出属性值规范化的几个常用公式。设 n 为评价对象数，p 为属性数，y_{ij}为第 i 个对象的第 j 个属性值，并记 z_{ij}为 y_{ij}的规范化属性值，$J_k(k=1,2,3)$分别为效益型、成本型和区间型属性的下标集。对于效益型和成本型属性，有：

$$z_{ij} = \begin{cases} (y_{ij} - \min\limits_i y_{ij})/(\max\limits_i y_{ij} - \min\limits_i y_{ij}), & j \in J_1 \quad (4\text{-}1) \\ (\max\limits_i y_{ij} - y_{ij})/(\max\limits_i y_{ij} - \min\limits_i y_{ij}), & j \in J_2 \quad (4\text{-}2) \end{cases}$$

$$z_{ij} = \begin{cases} y_{ij}/\max\limits_i y_{ij}, & j \in J_1 \quad (4\text{-}3) \\ \min\limits_i y_{ij}/y_{ij}, & j \in J_2 \quad (4\text{-}4) \\ 1 - y_{ij}/\max\limits_i y_{ij}, & j \in J_3 \quad (4\text{-}5) \end{cases}$$

$$z_{ij} = \begin{cases} y_{ij}/\sqrt{\sum\limits_{i=1}^{n} y_{ij}^2}, & j \in J_1 \quad (4\text{-}6) \\ -y_{ij}/\sqrt{\sum\limits_{i=1}^{n} y_{ij}^2}, & j \in J_2 \quad (4\text{-}7) \end{cases}$$

$$z_{ij} = \begin{cases} \dfrac{y_{ij} - \bar{y}_j}{\sqrt{\dfrac{1}{n}\sum\limits_{i=1}^{n}(y_{ij} - \bar{y}_j)^2}}, & j \in J_1 \quad (4\text{-}8) \\ -\dfrac{y_{ij} - \bar{y}_j}{\sqrt{\dfrac{1}{n}\sum\limits_{i=1}^{n}(y_{ij} - \bar{y}_j)^2}}, & j \in J_2 \quad (4\text{-}9) \end{cases}$$

式中：$\bar{y}_j = \dfrac{1}{n}\sum\limits_{i=1}^{n} y_{ij}$。

对区间型属性，有：

$$z_{ij}=\begin{cases}1-\dfrac{q_1^j-y_{ij}}{\max\left\{q_1^j-\min\limits_i y_{ij},\max\limits_i y_{ij}-q_2^j\right\}}, & y_{ij}<q_1^j\\ 1, & y_{ij}\in\left[q_1^j,q_2^j\right]\\ 1-\dfrac{y_{ij}-q_2^j}{\max\left\{q_1^j-\min\limits_i y_{ij},\max\limits_i y_{ij}-q_2^j\right\}}, & y_{ij}>q_2^j\end{cases}\quad j\in J_3 \tag{4-10}$$

式(4-10)可简化成：

$$z_{ij}=\begin{cases}1-\dfrac{\max\left\{q_1^j-y_{ij},y_{ij}-q_2^j\right\}}{\max\left\{q_1^j-\min\limits_i y_{ij},\max\limits_i y_{ij}-q_2^j\right\}}, & y_{ij}\bar{\in}\left[q_1^j,q_2^j\right]\\ 1, & y_{ij}\in\left[q_1^j,q_2^j\right]\end{cases}\quad j\in J_3 \tag{4-11}$$

属性值的规范化，或无量纲化规则还包括以指标正、负均值 $\bar{x}_j^+$、$\bar{x}_j^-$ 作为基准值对属性值进行规范化，以指标最大值与最小值之差 $x_{n'j}-x_{1'j}$ 作为基准值对属性值进行规范化，以指标值平方和的平方根 $(\sum\limits_{i=1}^{n}y_{ij}^2)^{\frac{1}{2}}$ 作为基准值对属性值进行规范化等方法。当然，任何无量纲化规则所必须遵循的一个基本原则，就是对每项指标来说，对象全体在无量纲化前后的排序不变。

4.1.1.4　权重向量的赋值

综合评价方法的核心问题，是阐明价值函数的形成机理和结构形式，即建立价值函数的数学模型。在价值函数的结构形式已定的情况下，权重向量的赋值便成为人们关注的焦点。按赋值中源信息的出处，可将评价方法分成两类：一类是客观赋权法，其源信息来自统计数据本身；另一类是主观赋权法，其源信息来自专家咨询，即利用专家群的知识和经验。这里从另一角度将几种权重向量赋值法进行分类。

1）统计分析法

（1）均权法。均权法认定每个无量纲化指标具有同等重要性，此

时评价模型为:

$$u_i = \frac{1}{p}\sum_{j=1}^{p} d_j(x_{ij}) \times 100 \quad (i = 1,2,\cdots,n) \tag{4-12}$$

(2)离差权法。离差权法以每一项指标的样本标准差作为该项指标的权数。其原理是:若某一指标对所有样品都相等或相差不大,则此项指标包含评价所需的信息量不大,其权系数应很小;反之,若某项指标对所有样品相差很大,则这项指标包含评价所需的信息量就很大,其权系数应很大。据此,我们可以用每一项指标的标准差作为该指标的权数,于是有模型:

$$u_i = \sum_{j=1}^{p} w_j d_j(x_{ij}) \times 100 \quad (i = 1,2,\cdots,n) \tag{4-13}$$

式中:$w_j = \sigma_j / \sum_{j=1}^{p}\sigma_j$;$\sigma_j = \sqrt{\frac{1}{n-1}\sum_{i=1}^{n}(d_j(x_{ij}) - \bar{d}_j)^2}$;$\bar{d}_j = \frac{1}{n}\sum_{i=1}^{n} d_j(x_{ij})$;$\sigma_j$ 为第 j 项指标功效系数的标准差。

(3)最优权法。最优权法则是在构造全部无量纲化指标的加权线性函数的基础上,按该函数的样本方差达最大值为准则来确定权数。

2)主观赋权法

主观赋权法中关于权重系数的精确测度主要有德尔菲法(Delphi)、层次分析法(Analytical Hierarchy Process,简称 AHP)、二项系数加权法、环比评分法等。其中比较有代表性的、较成功的主要有 Delphi 法和 AHP 法。

(1)Delphi 法。Delphi 法是邀请数位专家匿名赋值,多次论证后求均值。其优点在于有较强的说服力,容易为员工接受。缺点在于聘请专家的成本较高,而且不一定符合实际情况。采用 Delphi 调查程序,得到各参与专家的赋权方案,然后进行统计分析,得到各参评因子的权重。若 x_{ij} 表示第 i 个参评因子由第 j 位专家给定的权重咨询值,则 i 因子的权重公式为:

$$\bar{x}_i = \frac{1}{m}\sum_{j=1}^{m} x_{ij} \tag{4-14}$$

$$w_i = \bar{x}_i \Big/ \sum_{i=1}^{n} \bar{x}_i \tag{4-15}$$

(2) AHP 法。AHP 法是一种定性和定量分析相结合的常见评价与决策方法。AHP 法是将专家的思维过程定量化，从而完成从定性分析到定量分析的过渡。其对权重的确定需要对矩阵 A 的最大特征根 λ_{max} 计算来进行一致性检验。

3) 灰色关联法

灰色关联法利用灰色系统原理，基于评价因子序列的微观或者宏观接近来分析和确定因子对最终评价结果的贡献程度。以 i 因子的专家咨询值作为比较数列 x_i，且用所有权值中的最大者 $x_0 = \max(x_{ij})$ 来构造参考数列 x（数列项数与 x_i 同，都为 m），即：

$$x_i = \{a_{i1}, a_{i2}, \cdots, a_{im}\};x_0 = \{a_0, a_0, \cdots, a_0\}$$

差数列：$$\Delta_{0i}(k) = |x_0(k) - x_i(k)| \tag{4-16}$$

关联系数为：$$\zeta_{0i}(k) = \frac{\min\Delta_i + \rho\max\Delta_i}{\Delta_i(k) + \rho\max\Delta_i}, \rho \in (0,1) \tag{4-17}$$

关联度为：$$r_{0i} = \frac{1}{m}\sum_{i=1}^{m}\zeta_{0i}(k) \tag{4-18}$$

权重为：$$w_i = r_{0i} / \sum_{i=1}^{n} r_{0i} \tag{4-19}$$

4) 阈域赋权法

若因子各级标准间的差值较大，则该因子只有增加一个较大的值，才能引起该因素的评价结果出现档次上的变化，说明该指标对评价结果的影响较小，故其权值也应较小，反之则大。其公式为：

$$f_i = \frac{1}{m-1}\sum_{j=1}^{m-1}(x_{i,j+1} - x_{ij}) \tag{4-20}$$

$$w_i = (1/f_i) \Big/ \sum_{i=1}^{n}(1/f_i) \tag{4-21}$$

式中：x_{ij} 为评价因子 i 的第 j 级标准值，$j \subset m$，m 为级别数；f_i 实际上是因子 i 的各级标准间的平均差值。

5) 熵赋权法

熵可以度量数据所提供的有效信息量。当评价对象在某项指标熵的值相差较大时，熵值较小，说明该指标提供的有效信息量较大，则该指标的权重也应越大；反之亦然。用该法确定权重有 3 个步骤。

(1)对原始数据矩阵进行标准化。即：

$$X = \begin{bmatrix} x_{11} & x_{12} & \cdots & x_{1n} \\ x_{21} & x_{22} & \cdots & x_{2n} \\ \vdots & \vdots & & \vdots \\ x_{m1} & x_{m2} & \cdots & x_{mn} \end{bmatrix} \tag{4-22}$$

对该矩阵标准化得到：$R = (r_{ij})_{m \times n}$ (4-23)

式中：r_{ij}为第 j 个评价对象在第 i 个评价指标上的标准值，$r_{ij} \in [0,1]$。其中：

$$r_{ij} = \frac{|x_{ij} - \min\limits_{j}\{x_{ij}\}|}{\max\limits_{j}\{x_{ij}\} - \min\limits_{j}\{x_{ij}\}} \tag{4-24}$$

(2)定义熵。在有 m 个指标、n 个被评价对象的评估问题中，第 i 个指标的熵定义为：

$$H_i = k\sum_{j=1}^{n} f_{ij}\ln f_{ij} \quad (i = 1,2,\cdots,m) \tag{4-25}$$

式中：$f_{ij} = r_{ij}/\sum\limits_{j=1}^{n} r_{ij}$，$k = 1/\ln n$，当 $f_{ij} = 0$ 时，令 $f_{ij}\ln f_{ij} = 0$。

(3)定义熵权。定义了第 i 个指标的熵之后，可得到第 i 个指标的熵权定义，即：

$$w_i = \frac{1 - H_i}{m - \sum\limits_{i=1}^{m} H_i} \tag{4-26}$$

使用熵权法赋权，只经一次计算就得到适用于所有监测点的权重，减少了评价过程工作量，同时考虑了多个样本间的联系，削弱了异常值的影响。

4.1.1.5　综合评价方法

评价方法是综合评价的核心。评价方法是指完成评价工作的手段和技术路线。每一种评价方法都必须包含如下两部分内容：

(1)提供为解决指标间不可公度问题的方法。

(2)构建一个价值函数或评价函数,用以权衡评价对象的综合效益或综合水平,它既应反映每个指标的价值取向,又应区别各个指标的重要程度。

常用的综合评价方法有层次分析法、主成分分析法、数据包络分析法、模糊评价法、灰色多指标决策方法等。随着科学技术的发展,还会不断有方法的创新。各种方法的原理和实施步骤将在后续内容中进行讨论,并引入实证分析案例。

在综合评价方法的选择中应注意属性特点。在综合评价中,要使评价结果符合现代科学评价规则,必须具备两个条件:一是能提供多个备选方案;二是能提供从多个备选方案中挑选最优方案的科学方法。原则上,对同一类对象,一个属性集与一种评价方法相结合,将产生一个评价结论;对同一个属性集,如采用多种评价方法,便可产生多个评价结论。因此,在选择评价方法时,应注意评价对象的属性集特点,选择最适合本属性集的评价方法,使评价结论最具可信度。

4.1.2　几种简易的评价方法

简易的评价方法,包括综合指数法、功效评分法、TOPSIS 法和最优权法。

4.1.2.1　**综合指数法**

综合指数法是一种以正、负均值为基准,求每项指标的折算指数后再汇总成综合指数的评价方法。评判标准是:综合指数值越大,评价对象的综合效益越好。

综合指数法的原理是:设 n 为评价对象个数,p 为指标个数;x_{ij} 为第 i 个对象第 j 项指标值,n_j^+ 为第 j 项指标取非负值的对象个数,n_j^- 为第 j 项指标取负值的对象个数。分别求 x_{ij} 的正、负均值 $\bar{x}_j^+$,$\bar{x}_j^-$,得:

$$\begin{cases} \bar{x}_j^+ = \dfrac{1}{n_j^+}\sum\limits_{x_{ij}\geqslant 0} x_{ij} \\ \bar{x}_j^- = \dfrac{1}{n_j^-}\sum\limits_{x_{ij}<0} x_{ij} \end{cases} \quad (j = 1,2,\cdots,p) \tag{4-27}$$

按下式将 x_{ij} 无量纲化：

$$\begin{cases} k_{ij} = \dfrac{x_{ij}}{\bar{x}_j^+} \times 100, & x_{ij} > 0 \\ k_{ij} = \dfrac{x_{ij}}{|\bar{x}_j^-|} \times 100, & x_{ij} < 0 \end{cases} \tag{4-28}$$

称 k_{ij} 为 x_{ij} 的折算指数。再对各项指标的折算指数取均值，便得综合指数：

$$k_i = \frac{1}{p}\sum_{j=1}^{p} k_{ij} \quad (i = 1,2,\cdots,n) \tag{4-29}$$

【例 4-1】　表 4-1 为某市冶金行业 A、B、C、D、E、F、G、H 等 8 家企业某年 3 项效益指标数据，试对其综合效益作出评价。

表 4-1　冶金行业 3 项指标数据

序号	资本收益率（%）	人均创利税（元/人）	社会贡献率（%）	折算系数 k_{i1}	折算系数 k_{i2}	折算系数 k_{i3}	综合指数 k_i	名次
A	-84.57	-11.66	13.96	-189.03	-173.51	68.16	-98.12	8
B	1.79	2.64	18.20	63.79	32.16	88.88	61.6	5
C	0.49	1.42	32.22	17.46	17.3	157.32	64.03	4
D	-37.92	-1.78	32.64	-84.76	-26.49	159.38	16.04	7
E	5.84	32.37	6.77	208.13	394.28	33.06	211.82	1
F	-11.72	0.16	15.78	-26.2	1.95	77.05	17.6	6
G	4.10	6.69	20.77	146.12	81.49	101.42	109.67	2
H	1.81	5.95	23.50	64.5	72.47	114.75	83.91	3

首先，计算每项指标的正负均值：

$$\bar{x}_1^+ = \frac{1}{5} \times (1.79 + 0.49 + 5.84 + 4.10 + 1.81) = 2.81$$

$$\bar{x}_1^- = \frac{1}{3} \times (-84.57 - 37.92 - 11.72) = -44.74$$

$$\bar{x}_2^+ = \frac{1}{6} \times (2.64 + 1.42 + 32.37 + 0.16 + 6.69 + 5.95) = 8.21$$

$$\bar{x}_2^- = \frac{1}{2} \times (-11.66 - 1.78) = -6.72$$

$$\bar{x}_3^+ = \frac{1}{8} \times (13.96 + 18.2 + 32.22 + 32.64 + 6.77 + 15.78 + 20.77 + 23.5) = 20.48$$

其次,计算每项指标的折算指数:

$$k_{11} = \frac{-84.57}{|-44.74|} \times 100 = -189.03$$

$$k_{12} = \frac{-11.66}{|-6.72|} \times 100 = -173.51$$

$$k_{13} = \frac{13.96}{20.48} \times 100 = 68.16$$

其余折算系数如表 4-1 所示。

最后,计算综合指数:

$$k_1 = \frac{1}{3} \times (k_{11} + k_{12} + k_{13}) = \frac{1}{3} \times (-189.03 - 173.51 + 68.16) = -98.12$$

全部 8 个企业的综合指数及名次如表 4-1 所示。另外,还可按综合指数的大小将对象进行分类,如 $k > 100$ 者为好企业,$k < 50$ 者为差企业,$50 \leqslant k \leqslant 100$ 者为一般企业。

利用综合指数法需注意以下几点:

(1)当指标是负效应指标时,可将之变成正效应指标,即取该指标的倒数,或乘以 -1 后,再按式(4-27)~式(4-29)运算。

(2)决策主体可按各指标的重要程度,赋予不同的权值,即对折算指数加权,按下式来求综合指数:

$$k_i = \sum_{j=1}^{p} w_j k_{ij} \qquad (i = 1, 2, \cdots, n) \tag{4-30}$$

式中:w_j 为折算指数 k_{ij} 的权数。

(3)当指标为复合数时,基准值还有另一种计算方法,即将复合数中每个数先行加总，再按指标公式进行运算。以资本收益率为例：

$$资本收益率 = \frac{净利润}{实收资本} \times 100\%$$

如记 x_1 为资本收益率，y_1 为净利润，z_1 为实收资本，则资本收益率 x_1 的基准值可按下式计算：

$$\begin{cases} \bar{x}_1^+ = \dfrac{\sum\limits_{y_{i1}>0} y_{i1}}{\sum\limits_{z_{i1}>0} z_{i1}} \\ \bar{x}_1^- = \dfrac{\sum\limits_{y_{i1}<0} y_{i1}}{\sum\limits_{z_{i1}<0} z_{i1}} \end{cases} \tag{4-31}$$

4.1.2.2 **功效评分法**

功效评分法是一种根据功效系数评定各项指标的计分值的简便方法。

设在评价指标体系中，前 k 个评价指标 $x_1, x_2, \cdots, x_k$ 希望越大越好（正效应指标），而后 $(p-k)$ 个评价指标 $x_{k+1}, \cdots, x_p$ 则希望越小越好（负效应指标），在处理这些指标之间的关系时，往往会由于各指标的量纲以及变动范围不同而带来一些困难。功效系数是对这些指标 x_j 的一种无量纲化变换，用 d_j 表示，即：

$$d_j = d_j(x_j) \qquad (j = 1, 2, \cdots, p)$$

并满足：

$$0 \leqslant d_j \leqslant 1 \qquad (j = 1, 2, \cdots, p)$$

当指标达到最佳值时令 $d_j = 1$，达到最差值时令 $d_j = 0$。

功效系数 $d_j = d_j(x_j)$ 的具体形式多种多样，这里我们采用线性形式。

记第 i 个企业（样品）第 j 项指标值为 $x_{ij}(i = 1, 2, \cdots, n)$。将 n 个企业指标值从小到大排列，得：

$$x_{1'j} \leqslant x_{2'j} \leqslant \cdots \leqslant x_{n'j} \qquad (j = 1, 2, \cdots, p)$$

对于 $j = 1, 2, \cdots, k$，由于希望指标值越大越好，故令：

$$d_j = \begin{cases} 1, & \text{当 } x_{ij} = x_{n'j} \\ 0, & \text{当 } x_{ij} = x_{1'j} \end{cases} \quad (j = 1,2,\cdots,k) \tag{4-32}$$

当 x_{ij} 在 $x_{1'j}$ 和 $x_{n'j}$ 之间时，简单地采用线性插值，得到：

$$d_j = d_j(x_{ij}) = \frac{x_{ij} - x_{n'j}}{x_{n'j} - x_{1'j}} \quad (j = 1,2,\cdots,k) \tag{4-33}$$

类似地，对于 $j = k+1,\cdots,p$，由于希望指标值越小越好，故令：

$$d_j = \begin{cases} 1, & \text{当 } x_{ij} = x_{1'j} \\ 0, & \text{当 } x_{ij} = x_{n'j} \end{cases} \quad (j = k+1,\cdots,p) \tag{4-34}$$

对中间值，采用线性插值，得到：

$$d_j = d_j(x_{ij}) = \frac{x_{n'j} - x_{ij}}{x_{n'j} - x_{1'j}} \tag{4-35}$$

在实际中，如决策者希望达到最佳值和最差值的企业不止 1 个，这时可修正最佳值和最差值，如令 $b = \text{int}(0.95n)$，$a = \text{int}(0.05n) + 1$，这里 int 表示取整数部分，即有 5% 的企业分别达到最佳值和最差值。此时，功效系数算式(4-32)～式(4-35)变为：

$$d_j = d_j(x_{ij}) = \begin{cases} 1, & x_{ij} \leqslant x_{aj} \\ \dfrac{x_{ij} - x_{aj}}{x_{bj} - x_{aj}}, & x_{aj} < x_{ij} < x_{bj} \quad (j - k + 1,\cdots,p) \\ 0, & x_{ij} \geqslant x_{bj} \end{cases} \tag{4-36}$$

$$d_j = d_j(x_{ij}) = \begin{cases} 1, & x_{ij} \leqslant x_{aj} \\ \dfrac{x_{bj} - x_{ij}}{x_{bj} - x_{aj}}, & x_{aj} < x_{ij} < x_{bj} \quad (j = k + 1,\cdots,p) \\ 0, & x_{ij} \geqslant x_{bj} \end{cases} \tag{4-37}$$

这样，第 i 个企业第 j 项指标的功效评分标准值为：

$$d_j(x_{ij}) \times 100$$

该法结果简明直观，适用性强。

【例 4-2】　按例 4-1 中的数据，试用功效评分法进行评价，权数由均权法确定。

因为评价指标是越大越好，故计算时采用式(4-32)、式(4-33)和式(4-12)的模型，结果如表4-2所示。

表4-2　冶金行业3项指标数据的功效评分及评价结果

序号	资本收益率(%)	人均创利税(元/人)	社会贡献率(%)	资本收益率得分	人均创利税得分	社会贡献率得分	综合得分	名次
A	-84.57	-11.66	13.96	0	0	27.79	9.26	8
B	1.79	2.64	18.20	95.52	32.48	44.18	57.39	6
C	0.49	1.42	32.22	94.08	29.71	98.38	74.06	1
D	-37.92	-1.78	32.64	51.60	22.44	100.00	58.01	5
E	5.84	32.37	6.77	100.00	100.00	0	66.67	3
F	-11.72	0.16	15.78	80.58	26.85	34.83	47.42	7
G	4.10	6.69	20.77	98.08	41.68	54.12	64.62	4
H	1.81	5.95	23.50	95.54	40.00	64.67	66.74	2

从表4-2的计算结果可以看出，每一指标的得分均在0～100，符合一般的评分习惯。

4.1.2.3　TOPSIS法

TOPSIS法是一种逼近于理想解的排序法。TOPSIS法的基本原理是通过检测评价对象与最优解、最劣解的距离来进行排序，若评价对象最靠近最优解同时又最远离最劣解，则为最好；否则为最差。其中最优解的各指标值都达到各评价指标的最优值；最劣解的各指标值都达到各评价指标的最差值。

设评价对象个数为n，评价指标个数为p，每个对象的指标值为：

$$x_i = (x_{i1}, x_{i2}, \cdots, x_{ip})^{\mathrm{T}} \quad (i = 1,2,\cdots,n)$$

记：

$$X = \begin{bmatrix} x_1^{\mathrm{T}} \\ x_2^{\mathrm{T}} \\ \vdots \\ x_n^{\mathrm{T}} \end{bmatrix} = \begin{bmatrix} x_{11} & x_{12} & \cdots & x_{1p} \\ x_{21} & x_{22} & \cdots & x_{2p} \\ \vdots & \vdots & & \vdots \\ x_{n1} & x_{n2} & \cdots & x_{np} \end{bmatrix} \tag{4-38}$$

为初始矩阵。对 X 阵中元作如下变换：

$$y_{ij} = \begin{cases} x_{ij}, & \text{对正效应指标} \\ -x_{ij}, & \text{对负效应指标} \end{cases} \tag{4-39}$$

得：

$$Y = [y_{ij}]_{n\times p} \tag{4-40}$$

对 Y 阵中元按下式无量纲化：

$$z_{ij} = \frac{y_{ij}}{\left(\sum_{i=1}^{n} y_{ij}^2\right)^{\frac{1}{2}}} \tag{4-41}$$

得规范化决策阵：

$$Z = [z_{ij}]_{n\times p} \tag{4-42}$$

再对 Z 阵中元按下式加权：

$$u_{ij} = w_j z_{ij} \tag{4-43}$$

式中：$0 \leqslant w_i \leqslant 1$，$\sum_{i=1}^{p} w_j = 1$，便得加权规范化决策阵：

$$U = \begin{bmatrix} u_1^{\mathrm{T}} \\ u_2^{\mathrm{T}} \\ \vdots \\ u_n^{\mathrm{T}} \end{bmatrix} = \begin{bmatrix} u_{11} & u_{12} & \cdots & u_{1p} \\ u_{21} & u_{22} & \cdots & u_{2p} \\ \vdots & \vdots & & \vdots \\ u_{n1} & u_{n2} & \cdots & n_{np} \end{bmatrix} \tag{4-44}$$

我们把加权规范化决策阵中的行向量：

$$u_i = (u_{i1}, u_{i2}, \cdots, u_{ip})^{\mathrm{T}} \quad (i = 1, 2, \cdots, n) \tag{4-45}$$

看成 p 维线性空间中 n 个向量或 n 个点。将加权规范化决策阵中由每列取最大元组成的向量，叫做正理想点 u^+；而由每列取最小元组成的向量，叫做负理想点 u^-，即：

$$u^+ = (u_1^+, u_2^+, \cdots, u_p^+)^{\mathrm{T}}, u_j^+ = \max_i \{u_{ij}\} \quad (j = 1, 2, \cdots, p) \tag{4-46}$$

$$u^{-} = (u_1^{-}, u_2^{-}, \cdots, u_p^{-})^{\mathrm{T}}, u_j^{-} = \min_i \{u_{ij}\} \quad (j = 1,2,\cdots,p) \tag{4-47}$$

计算各方案与正、负理想解的欧氏距离。方案到正理想解和负理想解的距离 d_i 分别为：

$$d_i = \sum_{i=1}^{m} (u_i^{+} - u_{ij})^2 \tag{4-48}$$

$$d_i = \sum_{i=1}^{m} (u_i^{-} - u_{ij})^2 \tag{4-49}$$

显然 TOPSIS 法是一种按相对接近度 d_i 大小来权衡评价对象综合效益的评价方法。d_i 值距离理想解越小、距离负理想解越大，对象的综合效益越好。

4.1.2.4 最优权法

1）最优权法原理

设评价对象个数为 n，评价指标个数为 p，每个对象的无纲量化指标值为：

$$z_i = (z_{i1}, z_{i2}, \cdots, z_{ip})^{\mathrm{T}} \quad (i = 1,2,\cdots,n)$$

对每个对象构造线性函数：

$$u_i = \sum_{j=1}^{p} \omega_j z_{ij} \quad (i = 1,2,\cdots,n) \tag{4-50}$$

式中：$w = (\omega_1, \omega_2, \cdots, \omega_n)^{\mathrm{T}}$ 为待求权向量。

计算样本方差：

$$s^2 = \frac{1}{n-1} \sum_{i=1}^{n} (u_i - \bar{u})^2 \tag{4-51}$$

式中：

$$\bar{u} = \frac{1}{n} \sum_{i=1}^{n} u_i \tag{4-52}$$

将式(4-50)和式(4-52)代入式(4-51)，经整理后得：

$$s^2 = \sum_{j=1}^{p} \sum_{k=1}^{p} \omega_j \omega_k \nu_{jk} = w^{\mathrm{T}} V w \tag{4-53}$$

式中：

$$\nu_{jk} = \frac{1}{n-1}\sum_{i=1}^{n}(z_{ij} - z_j)(z_{jk} - z_k) \quad (j,k = 1,2,\cdots,p) \quad (4\text{-}54)$$

$$z_j = \frac{1}{n}\sum_{i=1}^{n} z_{ij}$$

$$V = [\nu_{jk}]_{p \times p}$$

称 V 为向量 $z=(z_1,z_2,\cdots,z_p)^{\mathrm{T}}$ 的样本协方差阵。

最优权法的基本思想,是寻找权向量 w 的最优解,使得在等式:

$$\sum_{j=1}^{p}\omega_j^2 = w^{\mathrm{T}}w = 1$$

约束之下,样本方差 s^2 达最大值,即求解如下的等式约束极值问题:

$$\max s^2 = w^{\mathrm{T}}Vw \quad (4\text{-}55)$$

$$\text{s.t.} \quad w^{\mathrm{T}}w = 1$$

定理1　式(4-55)的等式约束极值问题的最优解是:最优权向量 w^* 为样本协方差阵 V 的最大特征值 λ_1 所对应的单位特征向量。

证明　构造 Lagrange 函数:

$$L(w,\lambda) = w^{\mathrm{T}}Vw - \lambda(w^{\mathrm{T}}w - 1)$$

求 $\frac{\partial L(w,\lambda)}{\partial w}=0$,得:

$$2Vw - 2\lambda w = 0$$

即:

$$[V - \lambda I_p]w = 0 \quad (4\text{-}56)$$

显见 w 为非零解的必要条件是:

$$|V - \lambda I_p| = 0 \quad (4\text{-}57)$$

式(4-56)和式(4-57)表明,λ 是样本协方差阵 V 的特征值,w 是其对应的单位特征向量。由此推出:

$$\max w^{\mathrm{T}}Vw = \max \lambda w^{\mathrm{T}}w = \max\lambda = \lambda_1$$

综上所述,可见最优权向量 w^* 是与样本协方差阵 V 的最大特征值 λ_1 对应的单位特征向量。

2)最优权法算法

(1)求样本协方差阵 V 的最大特征值 λ_1 及其单位特征向量 w。

注意到 V 为实对称半正定阵，鉴于其最大特征值 λ_1 通常都是单根，我们有下面的定理和算法。

定理 2 对任意初始向量 $b_0 \neq 0$，迭代：

$$b_0 = Vb_{k-1} / \sqrt{b_{k-1}^{\mathrm{T}} b_{k-1}} \quad (k = 1,2,\cdots) \tag{4-58}$$

必收敛，且收敛于最大特征值 λ_1 乘以对应的单位特征向量。

最大特征值 λ_1，与最优权向量 w^* 的算法如下：给定精度 $\varepsilon > 0$；任选初始非零向量，如 $b_0 = (1,1,\cdots,1)^{\mathrm{T}}$；令 $k = 1$。

步骤 1，按式(4-58)计算 b_k。

步骤 2，如 $\| b_k - b_{k-1} \| > \varepsilon$，令 $k = k+1$，返回步骤 1。

步骤 3，如 $\| b_k - b_{k-1} \| < \varepsilon$，计算 $\lambda_1 = \sqrt{b_k^{\mathrm{T}} b_k}$，$w^* = b_k / \lambda_1$。

(2)最优权法的算法步骤。

步骤 1，对初始决策阵 $X = [x_{ij}]_{n \times p}$ 中元素进行如下变换：

$$y_{ij} = \begin{cases} x_{ij}, & \text{对正效应指标} \\ -x_{ij}, & \text{对负效应指标} \end{cases}$$

得 $Y = [y_{ij}]_{n \times p}$。

步骤 2，对 Y 阵中元按某种规则无量纲化，得规范化决策阵 $Z = [z_{ij}]_{n \times p}$。

步骤 3，按式(4-54)计算 v_{ij}，构建样本协方差阵 $V = [v_{ij}]_{p \times p}$。

步骤 4，按上述简易算法计算最大特征值 λ_1 和最优权向量 w^*。

步骤 5，按式(4-50)计算每个评价对象的函数值 u_i $(i = 1,2,\cdots,n)$。u_i 越大，对象的综合效益越好。

4.2 综合评价的基本方法

综合评价的基本方法有层次分析法、主成分分析法、数据包络分析法、模糊评价法、灰色多指标决策方法等。层次分析法和模糊评价法已在第三章风险综合评价中作了介绍，本章重点介绍主成分分析法、数据包络分析法、灰色多指标决策方法等。

4.2.1　主成分分析法

主成分分析是多元统计分析的一个分支。20世纪30年代，由于费希尔(Fisher)、霍特林(Hotelling)、许宝禄及罗伊(Roy)等人的一系列奠基性工作，多元统计分析成为应用数学的一个重要分支。

主成分分析法是处理多变量数据的一种数学方法，它从众多的观测变量中找出几个相互独立的因素来解释原有的变量，这些因素称为主成分。通过主成分分析法的数学处理，可以将互相间有联系的多变量复杂系统简化成几个可以解释这些变量的综合因素，这样可清楚地解释系统的本质及相互间的关系。抽取综合因素及如何定义要按综合因素与原变量的关系而定，即按综合因素对变量的影响程度，称为变量在综合因素上的"负荷"。最终还可以计算出受测样本在综合因素上的水平，称为主成分分析。主成分分析法广泛应用于复杂系统的相互比较研究中。

设一个系统共有 p 个指标表示，而且这 p 个指标中可能有些指标互相有影响。主成分分析法就是要用几个综合因素反映原来几个指标的信息，而且这些因素又是相互无关的。

4.2.1.1　基本原理

现实生活中，人们常常遇到多指标问题。在大多数情况下，不同指标之间具有一定的相关性，这就增加了分析处理问题的难度。于是统计学家们就设法将指标重新组合成一组相互独立的少数几个综合指标来代替原有指标，并且反映原指标的主要信息。这种将多指标化为少数独立的综合指标的方法就称为主成分分析法。

主成分分析（Principal Component Analysis，PCA），首先是由英国的皮尔生(Karl Pearosn)对非随机变量引入的，而后美国的数理统计学家霍特林(Hoardl Hotelling)在1933年将此方法推广到随机向量的情形。主成分分析法的降维思想从一开始就很好地为综合评价提供了有力的理论和技术支持。

主成分分析是研究如何将多指标问题转化为较少的综合指标的一种重要统计方法，它能将高维空间的问题转化到低维空间去处理，使问题变得比较简单、直观，而且这些较少的综合指标之间互不相关，又能提供原有指标的绝大部分信息。

主成分分析除了降低多变量数据系统的维度以外，同时还简化了变量系统的统计数字特征。主成分分析在对多变量数据系统进行最佳简化的同时，还可以提供许多重要的系统信息，例如数据点的重心位置（或称为平均水平）、数据变异的最大方向、群点的散布范围等。主成分分析作为最重要的多元统计方法之一，在社会经济、企业管理及地质、生化等各领域都有其用武之地，如在综合评价、过程控制与诊断、数据压缩、信号处理、模式识别等方向获得广泛的应用。

主成分分析的基本思路可概述如下：借助一个正交变换，将分量相关的原随机变量转换成分量不相关的新变量，从代数角度，即将原变量的协方差阵转换成对角阵，从几何角度，即将原变量系统变换成新的正交系统，使之指向样本点散布最开的正交方向，进而对多维变量系统进行降维处理。按照特征提取的观点，主成分分析相当于一种基于最小均方差的提取方法。

在企业绩效评价中，可以利用的指标很多，所采用的评价指标之间不可避免地具有一定的相关性，因此可采用主成分分析法对具有相关性的指标进行必要的筛选，根据被评价企业的多项指标实际观测值，通过数学坐标旋转进行"降维"，产生相互独立的主成分指标，并通过主成分指标的方差比率确定主成分指标权重，然后通过主成分指标和相应权重建立综合评价函数式，计算出被评价企业的综合评价得分结果。

主成分分析法是依据企业各项财务指标数据的内在关系确定各项指标在总评价体系中的权重，即由财务数据本身确定财务指标权重，因此它能较好地体现业绩评价的公正与客观性。而且，在主成分分析中，所选取的企业数据样本的时期不同，最后得到的权重体系也不相同，但其并不影响在同一样本或时期范畴内公司综合经营业绩评价的可比性，这也正是对传统评价方法中"权重一旦确定便很少变动"这一缺陷的克服。主成分分析法由于其严密的逻辑推理以及所获结果的客观性而受到许多企业绩效评价工作者的青睐。

4.2.1.2　基本定义和性质

定义1　设 $X=(X_1,X_2,\cdots,X_p)^{\mathrm{T}}$ 为 p 维随机向量,它的第 i 主成分分量可表示成 $Y_i=u_i^{\mathrm{T}}X(i=1,2,\cdots,p)$。其中 u_i 是正交阵的第 i 列向量,并满足如下条件:Y_i 是 $X_1,X_2,\cdots,X_p$ 的线性组合中方差最大者;Y_k 是与 $Y_1,Y_2,\cdots,Y_{k-1}$ 不相关的的 $X_1,X_2,\cdots,X_p$ 线性组合中方差最大者,$k=2,3,\cdots,p$。

性质1　设 Ξ 是随机向量 $X=(X_1,X_2,\cdots,X_p)^{\mathrm{T}}$ 的协方差矩阵,其特征值—特征向量对为 $(\lambda_1,e_1),(\lambda_2,e_2),\cdots,(\lambda_p,e_p)$,其中 $\lambda_1\geqslant\lambda_2\geqslant\cdots\geqslant\lambda_p\geqslant0$,则第 i 个主成分为 $Y_i=e_i^{\mathrm{T}}X=e_{i1}X_1+e_{i2}X_2+\cdots+e_{ip}X_p(i=1,2,\cdots,p)$;且 $\mathrm{var}(Y_i)=e_i^{\mathrm{T}}\Xi e_i=\lambda_i(i=1,2,\cdots,p)$;$\mathrm{cov}(Y_i,Y_j)=e_i^{\mathrm{T}}\Xi e_j=0,i\neq j$。

性质2　设随机向量 $X=(X_1,X_2\cdots,X_p)^{\mathrm{T}}$ 有协方差矩阵 Ξ,其特征值—特征向量对为 $(\lambda_1,e_1),(\lambda_2,e_2,),\cdots,(\lambda_p,e_p)$,其中 $\lambda_1\geqslant\lambda_2\geqslant\cdots\geqslant\lambda_p\geqslant0$,$Y_k$ 是主成分,则

$$\sigma_{11}+\sigma_{22}+\cdots+\sigma_{pp}=\sum_{i=1}^{p}\mathrm{var}(X_i)=\lambda_1+\lambda_2+\cdots+\lambda_p$$

$$=\sum_{i=1}^{p}\mathrm{var}(Y_i)$$

性质2说明主成分向量的协方差阵 Ξ 为对角矩阵 Λ。方差代表变异性,反映的是信息量,从以上可知,总体总方差 $\sigma_{11}+\sigma_{22}+\cdots+\sigma_{pp}=\lambda_1+\lambda_2+\cdots+\lambda_p$,即总体信息量可以用特征值来衡量,相应的特征值反映的是对应主成分的信息量,因此可引出如下定义。

定义2　称 $\lambda_k(\sum_{i=1}^{p}\lambda_i)^{-1}$ 为第 k 个主成分的贡献率,称 $\sum_{i=1}^{k}\lambda_i(\sum_{i=1}^{p}\lambda_i)^{-1}$ 为前 k 个主成分的累计方差贡献率。

性质3　如果 $Y_1=e_1^{\mathrm{T}}X,Y_2=e_2^{\mathrm{T}}X,\cdots,Y_p=e_p^{\mathrm{T}}X$ 是从协方差矩阵 Ξ 所得到的主成分,则 $\rho(Y_k,X_i)=\dfrac{e_{ki}\sqrt{\lambda_k}}{\sqrt{\sigma_{11}}}(i,k=1,2,\cdots,p)$ 是成分 Y_k 和变量 X_i 之间的相关系数,此处 $(\lambda_1,e_1),(\lambda_2,e_2),\cdots,(\lambda_p,e_p)$ 是 Ξ 的特

征值—特征向量对。

定义 3 称第 k 个主成分 Y_k 与原变量第 i 个分量 X_i 的相关系数 $\rho(Y_k,X_i)$ 为 X_i 在 Y_k 中的负荷量。

但需要注意的是，$\rho(Y_k,X_i)$ 只度量了单个变量 X_i 对主成分 Y 的单变量贡献，当其他 X 存在时，$\rho(Y_k,X_i)$ 并不准确表明 X_i 对 Y 的重要性。在实践中，有较大(按绝对值)系数的变量，趋向有较大的相关，故单变量和多变量的重要性测度经常给出相似的结果。因此，考察 $\rho(Y_k,X_i)$ 有助于对主成分的解释。

4.2.1.3 从标准化变量得到主成分

上述主成分都是从协方差导出的，主成分还可以由标准化变量得到。当所给变量的单位不是同一个量纲，或在极其不同的范围内变化时，标准化就是必须的。

标准化形式：$Z_i=\dfrac{(X_i-\mu_i)}{\sqrt{\sigma_{ii}}}$，采用矩阵记号：$Z=(V^{1/2})^{-1}(X-\mu)$，且 $E(Z)=0$，则：$\mathrm{cov}(Z)=(V^{1/2})^{-1}\Xi(V^{1/2})^{-1}=\rho$。

相应地，性质 1、性质 2、性质 3 可以变为以下性质。

性质 4 第 i 主成分为 $Y_i=e_iZ=e_i^{\mathrm{T}}(V^{1/2})^{-1}(X-\mu)(i=1,2,\cdots,p)$；且 $\mathrm{var}(Y_i)=e_i^{\mathrm{T}}\Xi e_i=\lambda_i(i=1,2,\cdots,p)$；$\mathrm{cov}(Y_i,Y_j)=e_i^{\mathrm{T}}\Xi e_j=0,i\neq j$。

性质 5 $\sum\limits_{i=1}^{p}\mathrm{var}(Y_i)=\sum\limits_{i=1}^{p}\mathrm{var}(Z_i)=p$；相应地，第 k 个主成分的贡献率 $=\dfrac{\lambda_k}{\sum\limits_{i=1}^{p}\lambda_i}=\dfrac{\lambda_k}{p}(k=1,2,\cdots,p)$；前 k 个主成分的累计方差贡献率 $=\dfrac{\lambda_k}{p}$。

性质 6 $\rho(Y_k,Z_i)=e_{ki}\sqrt{\lambda_k}(i,k=1,2,\cdots,p)$，其中，$(\lambda_1,e_1)$，$(\lambda_2,e_2)$，…，$(\lambda_p,e_p)$ 是 ρ 的特征值—特征向量对，且 $\lambda_1\geqslant\lambda_2\geqslant\cdots\geqslant\lambda_p\geqslant 0$。

4.2.1.4 样本主成分

设数据 $x_1,x_2,\cdots,x_p$ 是均值向量为 μ、协方差阵为 Ξ 的某个 p 维总体中 n 个抽样，由这些数据得到样本均值向量 $\bar{x}$、样本协方差阵 S，以及样本相关阵 R。

若 $S=\{s_{ij}\}$ 是特征值—特征向量对为 $(\hat{\lambda}_1,\hat{e}_1),(\hat{\lambda}_2,\hat{e}_2),\cdots,(\hat{\lambda}_p,\hat{e}_p)$ 的 $p\times p$ 样本协方差阵，则第 i 个样本主成分由：

$$\hat{y}_i=\hat{e}_i^{\mathrm{T}}x=\hat{e}_{i1}^{\mathrm{T}}x_1+\hat{e}_{i2}^{\mathrm{T}}x_2+\cdots+\hat{e}_{ip}^{\mathrm{T}}x_p(i=1,2,\cdots,p) \quad (4\text{-}59)$$

给出，其中 $\hat{\lambda}_1\geqslant\hat{\lambda}_2\geqslant\cdots\geqslant\hat{\lambda}_p\geqslant 0$，$x$ 是变量 $x_1,x_2,\cdots,x_p$ 的任一观测值，且样本方差：$\mathrm{var}(\hat{y}_k)=\hat{\lambda}_k \quad (k=1,2,\cdots,p)$　(4-60)

样本协方差：$\mathrm{cov}(\hat{y}_i,\hat{y}_k)=0,i\neq k$　(4-61)

样本总方差：$\sum_{i=1}^{p}\mathrm{var}(\hat{y}_i)=\sum_{i=1}^{p}S_{11}=\hat{\lambda}_1+\hat{\lambda}_2+\cdots+\hat{\lambda}_p$　(4-62)

x_i 在 y_k 中的负荷量：

$$r(\hat{y}_k,x_i)=\frac{\hat{e}_{ki}\sqrt{\hat{\lambda}_k}}{\sqrt{S_{11}}} \quad (i,k=1,2,\cdots,p) \quad (4\text{-}63)$$

正如整体主成分，样本主成分也可由标准化的数据得到。

采用标准化形式：

$$z_j=D^{-1/2}(x_i-\bar{x})=\left[\frac{x_{j1}-\bar{x}_1}{\sqrt{S_{11}}}\quad\frac{x_{j2}-\bar{x}_2}{\sqrt{S_{22}}}\cdots\frac{x_{jp}-\bar{x}_p}{\sqrt{S_{pp}}}\right]^{\mathrm{T}} \quad (j=1,2,\cdots,p) \quad (4\text{-}64)$$

则将观测值标准化后的 $n\times p$ 数据矩阵：

$$Z=\begin{bmatrix} z_1^{\mathrm{T}}\\ z_2^{\mathrm{T}}\\ \vdots\\ z_n^{\mathrm{T}}\end{bmatrix}=\begin{bmatrix} z_{11} & z_{12} & \cdots & z_{1p}\\ z_{21} & z_{22} & \cdots & z_{2p}\\ \vdots & \vdots & & \vdots\\ z_{n1} & z_{n2} & \cdots & z_{np}\end{bmatrix}=\begin{bmatrix} \frac{x_{11}-\bar{x}_1}{\sqrt{S_{11}}} & \frac{x_{12}-\bar{x}_1}{\sqrt{S_{11}}} & \cdots & \frac{x_{1p}-\bar{x}_1}{\sqrt{S_{11}}}\\ \frac{x_{21}-\bar{x}_2}{\sqrt{S_{22}}} & \frac{x_{22}-\bar{x}_2}{\sqrt{S_{22}}} & \cdots & \frac{x_{2p}-\bar{x}_2}{\sqrt{S_{22}}}\\ \vdots & \vdots & & \vdots\\ \frac{x_{p1}-\bar{x}_p}{\sqrt{S_{pp}}} & \frac{x_{p2}-\bar{x}_p}{\sqrt{S_{pp}}} & \cdots & \frac{x_{pp}-\bar{x}_p}{\sqrt{S_{pp}}}\end{bmatrix}$$

样本均值向量：

$$\bar{z}=\frac{1}{n}(1^{\mathrm{T}}Z^{\mathrm{T}})$$

$$=\frac{1}{n}Z^{\mathrm{T}}1=\frac{1}{n}\left[\sum_{j=1}^{n}\frac{x_{j1}-\bar{x}_1}{\sqrt{S_{11}}}\quad\sum_{j=1}^{n}\frac{x_{j2}-\bar{x}_2}{\sqrt{S_{22}}}\cdots\sum_{j=1}^{n}\frac{x_{jp}-\bar{x}_p}{\sqrt{S_{pp}}}\right]=0$$

样本协方差矩阵：

$$S_z = \frac{1}{n-1}(Z - \frac{1}{n}11^{\mathrm{T}}Z)^{\mathrm{T}}(Z - \frac{1}{n}11^{\mathrm{T}}Z) = \frac{1}{n-1}(Z - 1\bar{Z})^{\mathrm{T}}$$

$$(Z - 1\bar{Z}^{\mathrm{T}}) = \frac{1}{n-1}ZZ^{\mathrm{T}} = R$$

因此，如果 $z_1, z_2, \cdots, z_n$ 是协方差矩阵为 R 的标准观测值，则第 i 个样本主成分是：

$$\hat{y}_i = \hat{e}_i^{\mathrm{T}} z = \hat{e}_{i1}z_1 + \hat{e}_{i2}z_2 + \cdots + \hat{e}_{ip}z_p \quad (i = 1,2,\cdots,p) \tag{4-65}$$

其中，$(\hat{\lambda}_i, \hat{e}_i)$ 是 R 的第 i 个特征值—特征向量对，且 $\hat{\lambda}_1 \geqslant \hat{\lambda}_2 \geqslant \cdots \geqslant \hat{\lambda}_p \geqslant 0$。另有样本方差：

$$\mathrm{var}(\hat{y}_k) = \hat{\lambda}_k \quad (k = 1,2,\cdots,p) \tag{4-66}$$

样本协方差：

$$\mathrm{cov}(\hat{y}_i, \hat{y}_k) = 0, \quad i \neq k \tag{4-67}$$

样本总方差：

$$\sum_{i=1}^{p} \mathrm{var}(\hat{y}_i) = tr(R) = p = \hat{\lambda}_1 + \hat{\lambda}_2 + \cdots + \hat{\lambda}_p \tag{4-68}$$

x_i 在 y_k 中的负荷量：

$$r(\hat{y}_k, x_i) = \hat{e}_{ki}\sqrt{\hat{\lambda}_k} \quad (i,k = 1,2,\cdots,p) \tag{4-69}$$

第 k 个主成分的贡献率：

$$\frac{\hat{\lambda}_i}{p} \quad (i = 1,2,\cdots,p) \tag{4-70}$$

4.2.1.5 基本算法和步骤

主成分分析的基本算法和步骤如下：

（1）采集 p 维随机向量 $X = (x_1, x_2, \cdots, x_p)^{\mathrm{T}}$ 的 n 个样品 $x_i = (x_{i1}, x_{i2}, \cdots, x_{ip})$，列出观察资料矩阵 $X = (x_{ij})_{n \times p}$。

（2）对样本阵中原始数据进行预处理，即将原始数据转换为正指标，然后利用下式：

$$x_{ij}^{*} = \frac{x_{ij} - \bar{x}_j}{\sqrt{\mathrm{var}(x_j)}} \quad (i = 1,2,\cdots,n; j = 1,2,\cdots,p) \tag{4-71}$$

将所得数据标准化,得标准化数据阵 $Z=\begin{bmatrix} z_1^{\mathrm{T}} \\ z_2^{\mathrm{T}} \\ \vdots \\ z_n^{\mathrm{T}} \end{bmatrix}=\begin{bmatrix} z_{11} & z_{12} & \cdots & z_{1p} \\ z_{21} & z_{22} & \cdots & z_{2p} \\ \vdots & \vdots & & \vdots \\ z_{n1} & z_{n2} & \cdots & z_{np} \end{bmatrix}$。

其中,$\bar{x}_j$ 和 $\sqrt{\mathrm{var}(x_j)}$ 分别是第 j 个变量的平均值和标准差。

(3)计算上述矩阵的样本相关系数矩阵 $R=[r_{ij}]_{p\times p}=\dfrac{Z^{\mathrm{T}}Z}{n-1}$。

(4)解样本相关系数矩阵 R 的特征方程,得 p 个特征值 $\lambda_1 \geqslant \lambda_2 \geqslant \cdots \geqslant \lambda_p$。

(5)最后得主成分 $Y_i=u_i^{\mathrm{T}}X(i=1,2,\cdots,p)$,或 $Y=UX$,其中

$U=\begin{bmatrix} u_1^{\mathrm{T}} \\ u_2^{\mathrm{T}} \\ \vdots \\ u_n^{\mathrm{T}} \end{bmatrix}=\begin{bmatrix} u_{11} & \cdots & u_{1m} \\ \vdots & & \vdots \\ u_{n1} & \cdots & u_{nm} \end{bmatrix}$,$u_{ij}=z_i^{\mathrm{T}}b_j^0$,$b_j^0$ 是特征单位特征向量。

主成分分析基本流程如图 4-1 所示。

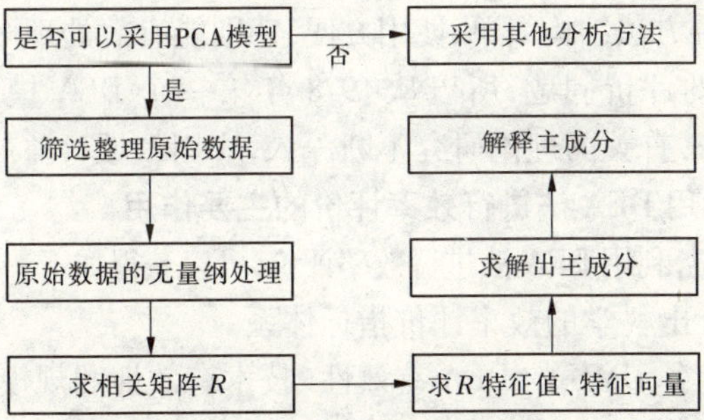

图 4-1　主成分分析基本流程

4.2.1.6　应用要点分析

能否适当地选择指标变量,关系到主成分分析法的应用能否得到准确的结论。根据选择的指标,建立原始指标变量表。若有 n 个指标,选择 p 个指标变量,则某一时期 n 个样本的原始变量表为一个 $n\times p$ 的 Y 矩阵。

(1)对 Y 矩阵中的数据进行标准化处理。由于指标量纲不统一，标准化处理是将原始数据化成标准分数形式，使指标数据具有可比性。指标经处理后是一个 $n \times p$ 的标准分数矩阵形式。

(2)计算相关系数。在标准分数矩阵中的每两个指标变量间计算相关系数，就可以得到相关系数矩阵。若指标变量为 p 个，则可以得到一个 p 行 p 列的相关系数矩阵 R，$R_{p \times p}$ 是一个实对称矩阵。

(3)计算 R 矩阵的特征值与特征向量。使用 Matlab 计算 R 矩阵的特征值与特征向量。利用特征值可以计算综合因素的贡献率及累计贡献率，从而可决定选择因素的个数。

4.2.2 数据包络分析法

数据包络分析(Data Envelopment Analysis，DEA)是美国著名运筹学家 A. Charnes 和 W. Cooper 等，以相对效率概念为基础发展起来的一种效率评价方法。它不但可对同一类型的各决策单元(DMU)的相对有效性进行评定、排序，而且还可利用 DEA“投影原理”进一步分析各决策单元非 DEA 有效的原因及其改进方向，从而为决策者提供重要的管理决策信息。这种方法结构简单、使用方便，特别能有效处理多种投入、多种产出指标时的评价问题，所以从 1978 年第一个 DEA 模型——C^2R 模型[1]建立以来，有关的理论研究不断深入，应用领域日益广泛。

4.2.2.1 利用 DEA 法进行效率评价的主要作用

一般来说，利用 DEA 法进行效率评价，可以获得如下一些管理信息：

(1)设计出科学的效率评价指标体系。

(2)确定各 DMU 的 DEA 有效性(技术有效性和规模有效性)。

(3)算出各 DMU 在有效生产前沿面上的“投影”，为今后提高生产效率和管理水平提供参考信息。

(4)分析各 DMU 的有效性对各输入输出指标的依赖情况，了解其在输入和输出方面的优势和劣势。

---

[1] 这一模型是由 A. Charnes、W. Cooper 与 E. Rhodes 于 1978 年提出的。模型的名称用三位作者名字的第一个字母表示，简记为 C^2R 模型。

(5)确定各 DMU 之间 DEA 有效性的依赖关系。

(6)对各 DMU 进行“类序”分析,为宏观决策提供参考。

4.2.2.2　应用 DEA 法的一般步骤

(1)确定评价目标。

(2)建立评价指标体系。

(3)收集和整理数据,进行计算。

(4)分析评价结果并提出决策建议。

4.2.2.3　几个重要 DEA 模型的适用场合

在最初的 C^2R 模型中,决策单元的 DEA 有效性是同时针对规模有效性和技术有效性而言的;C^2GS^2 模型是单纯用来评价部门间相对技术有效性的;具有锥结构的 C^2WH 模型广泛而深刻地推广了 C^2R 模型,这个模型能够处理决策单元具有较多的输入、输出指标的评价问题,并且决策者可以通过对模型中各个锥的选取来体现自己的“偏好”。

4.2.2.4　DEA 法的应用领域

DEA 法的一个直接和重要的应用就是根据输入、输出数据对同类型部门、单位(决策单元)进行相对效率与效益方面的评价。特别是由于 DEA 法对输入、输出指标有较大的包容性,如它可以接受那些在一般意义下很难定量的指标(如心理指标等),因此它在处理评价问题时比一般常规统计方法有优越性。

目前,用 DEA 法进行评价的领域越来越广。例如,对非单纯赢利的公共服务部门如学校、医院、某些文化设施等方面的评价;产品质量的评估;企业经营综合效率评价;城市评价;行业生产状况评估;军用飞机的飞行、基地维修和保养、陆军征兵等效率评价。

DEA 法的应用还扩展到其他方面。例如,在预测和预警方面的应用,在经济系统建模与参数估计方面的应用,在成本、收益和利润分析方面的应用,在系统分类与控制方面的应用等。

4.2.3　灰色多指标决策方法

灰色决策是在决策模型中含有灰元或一般决策模型与灰色模型相

结合的情况下的决策，在实际复杂性系统分析中大量存在，如投资决策、项目评估、方案优选、工厂选址、投标招标、产业部门发展排序、经济效益综合评价等，因此在水资源评价体系这个复杂系统中，可以应用多属性决策方法对水资源价值进行决策。

灰色多指标决策问题是将决策方案的多项指标的信息加以汇集合成并从整体上认识决策方案的优劣或类别，主要解决在某个特定自然状态下具有多个指标有限方案的多指标决策问题。

4.2.3.1 灰色多指标决策方法

数学模型 $U=W\times A$，其中 $U=\{u_1,u_2,\cdots,u_n\}$ 为评价对象 $S=\{s_1,s_2,\cdots,s_n\}$ 的综合评价结果，其中 $s_i=\{s_{i1},s_{i2},\cdots,s_{im}\}(i=1,2,\cdots,n)$；$s_{ij}=\{s_{ij1},s_{ij2},\cdots,s_{ijk}\}(i=1,2,\cdots,n;j=1,2,\cdots,m)$，依次类推。

U 的一级指标评价结果为 $u_i=\{u_{i1},u_{i2},\cdots,u_{im}\}(i=1,2,\cdots,n)$；二级指标评价结果为 $u_{ij}=\{u_{ij1},u_{ij2},\cdots,u_{ijk}\}(i=1,2,\cdots,n;j=1,2,\cdots,m)$，依次类推。

$W=(w_1,w_2,\cdots,w_n)$ 为一级指标的权重向量，满足 $0\leqslant w_i\leqslant 1,\sum_{i=1}^{n}w_i=1(i=1,2,\cdots,n)$；$w_i=(w_{i1},w_{i2},\cdots,w_{im})$ 为二级指标的权重向量，满足 $0\leqslant w_{ij}\leqslant 1,\sum_{j=1}^{m}w_{ij}=1(i=1,2,\cdots,n;j=1,2,\cdots,m)$，依次类推。

指标矩阵 $A=\{\bar{a}_1,\bar{a}_2,\cdots,\bar{a}_n\}$；$\bar{a}_i=\{\bar{a}_{i1},\bar{a}_{i2},\cdots,\bar{a}_{im}\}(i=1,2,\cdots,n)$；$\bar{a}_{ij}=\{\bar{a}_{ij1},\bar{a}_{ij2},\cdots,\bar{a}_{ijk}\}(i=1,2,\cdots,n;j=1,2,\cdots,m)$，依次类推。

假设该模型的末级为三级指标。

步骤 1，由于不同的指标在量纲、取值方向、数量级等方面并非一致，故必须进行规范化处理，这里采用区间值化算子求出数据的区间值像，a_{ijk} 是 $\bar{a}_{ijk}$ 的区间值像。其公式为：

$$a_{ijk}=\left(\frac{1}{\bar{a}_{ijk}}-\min\frac{1}{\bar{a}_{ijk}}\right)\left(\max\frac{1}{\bar{a}_{ijk}}-\min\frac{1}{\bar{a}_{ijk}}\right)^{-1},k\in Q_1 \quad (4\text{-}72)$$

$$a_{ijk}=(\bar{a}_{ijk}-\min\bar{a}_{ijk})(\max\bar{a}_{ijk}-\min\bar{a}_{ijk})^{-1},\quad k\in Q_2 \quad (4\text{-}73)$$

$$a_{ijk}=|\bar{a}_{ijk}-\bar{a}_k|(\max|\bar{a}_{ijk}-\bar{a}_k|)^{-1},\quad k\in Q_3 \quad (4\text{-}74)$$

Q_1 为效益型（愈大愈好型）指标下标集合；Q_2 为成本型（愈小愈好

型)指标下标集合;Q_3 为适中型指标下标集合(适中值为 $\bar{a}_k$)。

显然有 $0 \leqslant a_{ijk} \leqslant 1$,并且这种规范化具有两个明显的特点:一是规范化各指标的最优值均为 0,而最劣值则不相等。当评价对象的某个指标值相当差时,变换后的值则比 0 大得多,致使该对象的评价值会很差,从而突出系统中每个指标的重要性;二是规范化后的指标值均以 0 为最优,理想对象的指标值也均是 0,即 $s_{00}^+ = (0)_{1\times n}$。

步骤 2,对最末级规范化指标矩阵 a_{ijk},确定正理想对象 s_{00}^+:$s_{00}^+ = (a_{00k})_{1\times n}$,以及负理想对象 s_{00}^-:$s_{00}^- = (a_{00k})_{1\times n}$,其中:$a_{00k}^+ = 0$,$a_{00k}^- = \max a_{ijk}$。

步骤 3,计算灰色关联度:

$$\gamma(a_{00k}^+, a_{ijk}) = \frac{\min|a_{00k}^+ - a_{ijk}| + \xi \max|a_{00k}^+ - a_{ijk}|}{|a_{00k}^+ - a_{ijk}| + \xi \max|a_{00k}^+ - a_{ijk}|}$$

$$\gamma(a_{00k}^-, a_{ijk}) = \frac{\min|a_{00k}^- - a_{ijk}| + \xi \max|a_{00k}^- - a_{ijk}|}{|a_{00k}^- - a_{ijk}| + \xi \max|a_{00k}^- - a_{ijk}|}$$

其中,$\xi \in (0,1)$ 称为分辨系数。

步骤 4 ,计算灰色优属度。

$\gamma(a_{00k}^+, a_{ijk})$ 越大,表示指标值 a_{ijk} 与最优值 a_{00k}^+ 越接近,对象越佳;$\gamma(a_{00k}^-, a_{ijk})$ 的意义恰好相反,$\gamma(a_{00k}^-, a_{ijk})$ 越小,对象越佳。事实上,在一些决策问题中,某个方案最接近理想最优方案,但不一定同时远离临界最优方案。因此,有时需要考虑方案远离临界最优方案的程度或同时考虑这两方面的因素。

假设指标值 a_{ijk} 以优属度 u_{ijk} 从属于最优值 a_{00k}^+,那么 a_{ijk} 即以 $1 - u_{ijk}$ 从属于最劣值 a_{00k}^-,从而确定灰色优属度 u_{ijk} 的最佳值,建立如下目标函数:

$$\min\left\{F(u) = \sum_k \left[\left(1 - u_{ijk}\right)\gamma(a_{00k}^+, a_{ijk})\right]^2 + \sum_k \left[u_{ijk}\left(a_{00k}^-, a_{ijk}\right)\right]^2\right\}$$

由 $\frac{\partial F(u)}{\partial u_{ijk}} = 0$,解得 $u_{ijk} = \frac{1}{1 + \left[\frac{\gamma(a_{00k}^-, a_{ijk})}{\gamma(a_{00k}^+, a_{ijk})}\right]^2}$,且 u_{ijk} 越大,评价对象 s_{ijk} 越

优。

步骤5，计算上一级指标的优属度：

$$u_{ij} = \sum_k w_{ijk} u_{ijk}, u_i = \sum_j w_{ij} u_{ij}$$

步骤6，计算总评价值：

$$U = \sum_i w_i u_i$$

4.2.3.2 灰色多指标决策方法特征

（1）这个方法适用于有限方案的多指标决策问题。

（2）本方法通过综合考虑各决策方案与两个备选方案（最优方案、最劣方案）的关联度和优属度来确定各决策方案的优劣，这样使得决策更周密、更细致、更符合实际。

（3）本方法选择的比较性参数为优属度，即最终是以优属度 u_i 的大小来决策，而不是以常用的关联度 r 来决策。由于 $1/3 \leqslant r \leqslant 1$，故可推得 $1/10 \leqslant u_i \leqslant 9/10$。因此，本方法的决策数据的离散性较强，决策结果的分辨率得到提高。

4.3 多目标模糊层次分析法在水利建设项目后评价中的应用

多目标模糊层次分析法是利用模糊数学的原理，把定性和定量指标相结合的决策分析方法，它最大的特点是将定性指标数量化，使定性指标和定量指标有机地结合起来，从而反映被评价项目在社会、经济、环境等方面的综合效果。

4.3.1 建立数学模型

（1）评价因素集为 $U = \{u_1, u_2, \cdots u_m\}$。

（2）评判集为 $V = \{v_1, v_2, \cdots, v_n\}$，即评判等级的集合，$n$ 根据评判对象的标准等级确定。如 $V =$（很好，较好，一般，较差，很差）。

模糊评判矩阵 R 是一个由评价因素集到评判集的模糊影射，r_{ij} 表

示因素 u_i 被评为 v_j 的隶属程度，其模糊评价矩阵为：

$$R = \begin{bmatrix} r_{11} & r_{12} & \cdots & r_{1n} \\ r_{21} & r_{22} & \cdots & r_{2n} \\ \vdots & \vdots & & \vdots \\ r_{m1} & r_{m2} & \cdots & r_{mn} \end{bmatrix} \tag{4-75}$$

其中，R 为由 n 个评价指标构成的模拟评价矩阵，$R=(r_{ij})_{m\times n}$。

(3)确定各因素在模糊评判中所占的权重，并按一定的方法进行计算得出评判结论。$U=\{u_1,u_2,\cdots,u_m\}$ 中每个因素在综合评判时，视其意义、价值不同应赋予不同的权重值，设分别为 $a_1,a_2,\cdots,a_m$，且满足 $\sum\limits_{i=1}^{m} a_i=1, a_i=[0,1]$。由此得出因素的权向量：$A=(a_1,a_2,\cdots,a_m)$。

对该评判对象的模糊综合评判 B 是 V 上的模糊子集，根据模糊矩阵的合成运算有：

$$B = A\cdot R = (a_1,a_2,\cdots,a_m)_{1\times m}\begin{bmatrix} r_{11} & r_{12} & \cdots & r_{1n} \\ r_{21} & r_{22} & \cdots & r_{2n} \\ \vdots & \vdots & & \vdots \\ r_{m1} & r_{m2} & \cdots & r_{mn} \end{bmatrix}_{m\times n}$$

$$= (b_1,b_2,\cdots,b_n)_{1\times n}$$

$$b_j = \sum_{i=1}^{m} a_i r_{ij} \quad (j=1,2,\cdots,n) \tag{4-76}$$

式中：b_j 为第 j 方案的综合评价指标，b_j 值越大越好，b_j 最大值对应的方案即为相对最优方案。

4.3.2　模糊层次分析法的具体步骤

4.3.2.1　确定各评价因素的权重

根据本文的研究，水利建设项目后评价体系由10个评价指标构成，见图4-2。

构造两两比较判断矩阵。对同一层次的指标进行两两比较，以标度法表示，各级标度的含义见表4-3。

水利建设项目后评价体系
- 规划设计评价指标
- 立项决策评价指标
- 工程建设评价指标
- 工程管理评价指标
- 财务评价指标
- 国民经济评价指标
- 移民安置评价指标
- 环境影响评价指标
- 社会影响评价指标
- 资源保护与开发利用评价指标

图 4-2　水利建设项目后评价体系

表 4-3　标度的含义

标 度	含 义
1	表示两个因素相比有同样的重要性
3	表示两个因素相比一个因素比另一个因素稍微重要
5	表示两个因素相比一个因素比另一个因素明显重要
7	表示两个因素相比一个因素比另一个因素强烈重要
9	表示两个因素相比一个因素比另一个因素极端重要
2,4,6,8	上述相邻判断的中值

经查阅有关资料和征求有关的专家意见,建立以下两两比较矩阵,具体形式如下:

B	A_1	A_2	A_3	A_4	A_5	A_6	A_7	A_8	A_9	A_{10}
A_1	1	1	3	3	5	5	3	1	3	1
A_2	1	1	3	3	5	5	3	1	3	1
A_3	1/3	1/3	1	1	5	3	1	1	3	3
A_4	1/3	1/3	1	1	3	3	1	1	3	3
A_5	1/5	1/5	1/5	1/3	1	1	3	3	3	3
A_6	1/5	1/5	1/3	1/3	1	1	1	3	3	3
A_7	1/3	1/3	1	1	1/3	1	1	3	1	1
A_8	1	1	1	1	1/3	1/3	1/3	1	1	1
A_9	1/3	1/3	1/3	1/3	1/3	1/3	1	1	1	1
A_{10}	1	1	1/3	1/3	1/3	1/3	1	1	1	1

由此可得：

$$R=\begin{Bmatrix} 1 & 1 & 3 & 3 & 5 & 5 & 3 & 1 & 3 & 1 \\ 1 & 1 & 3 & 3 & 5 & 5 & 3 & 1 & 3 & 1 \\ 1/3 & 1/3 & 1 & 1 & 5 & 3 & 1 & 1 & 3 & 3 \\ 1/3 & 1/3 & 1 & 1 & 3 & 3 & 1 & 1 & 3 & 3 \\ 1/5 & 1/5 & 1/5 & 1/3 & 1 & 1 & 3 & 3 & 3 & 3 \\ 1/5 & 1/5 & 1/3 & 1/3 & 1 & 1 & 1 & 3 & 3 & 3 \\ 1/3 & 1/3 & 1 & 1 & 1/3 & 1 & 1 & 3 & 1 & 1 \\ 1 & 1 & 1 & 1 & 1/3 & 1/3 & 1/3 & 1 & 1 & 1 \\ 1/3 & 1/3 & 1/3 & 1/3 & 1/3 & 1/3 & 1 & 1 & 1 & 1 \\ 1 & 1 & 1/3 & 1/3 & 1/3 & 1/3 & 1 & 1 & 1 & 1 \end{Bmatrix}$$

根据已经得到的矩阵 R，计算出它们对于目标层 B 的相对权重，即 $A=(a_1,a_2,\cdots,a_m)$。

常用的方法有和法、根法和特征根法，本节采用根法进行计算。

经计算得出：

$$A=(0.196,0.266\,6,0.044\,7,0.270\,8,0.119,0.031\,1,0.088\,7,\\0.017\,7,0.038\,8,0.012\,9)^{\mathrm{T}}$$

该向量即为判断矩阵最大特征值 $\lambda_{\max}$ 所对应的指标权重向量。

4.3.2.2　进行一致性检验

在构造判断矩阵 R 时并不要求其一致性，但是在决策时，一个混乱的判断矩阵有可能导致决策的失误，因此要进行一致性检验。

1）计算一致性指标 CI

计算得到：

$$CI=\frac{\lambda_{\max}-m}{m-1}=\frac{10.302-10}{10-1}=0.033$$

经查表 4-4 得：$RI=1.49$。

2）计算一致性比例 CR

计算得到：

$$CR=\frac{CI}{RI}=\frac{0.033}{1.49}=0.022\,1\leqslant 0.1$$

由此可以得出判断矩阵 R 具有一致性。

表 4-4　平均随机一致性指标 RI

矩阵阶数	1	2	3	4	5	6	7	8	9	10	11	12	13	14	15
RI	0	0	0.53	0.90	1.12	1.26	1.36	1.41	1.46	1.49	1.52	1.54	1.56	1.56	1.59

3)建立评价矩阵

对黄河小浪底水利枢纽工程进行了调查与综合评价。为了提高项目后评价的真实性、可靠性,本人利用多年来与黄河水利委员会、小浪底水利枢纽建设管理局、河南黄河河务局、开封黄河河务局、郑州黄河河务局、山东黄河河务局、菏泽黄河河务局等单位比较熟悉的便利条件,制作了 560 份调查表,分发给相关单位与部门的工程技术人员,共收回调查表 496 份。具体的调查统计见表 4-5。

表 4-5　黄河小浪底水利枢纽工程综合评价调查表

评价因子	很好	较好	一般	较差	很差
规划设计	85	189	208	9	5
立项决策	87	235	166	6	2
工程建设	61	173	251	8	4
工程管理	89	268	125	10	4
财务评价	103	208	178	4	3
国民经济	98	185	201	8	4
移民安置	49	147	283	11	6
环境影响	63	152	271	13	7
社会影响	113	201	179	2	1
自然资源开发	95	192	204	3	2

由 $R_{ij}=M_{ij}/n$ 可得出评价矩阵 $R=(R_{ij})_{10\times 5}$。

经计算得:

$$R = \begin{pmatrix} 0.171\,4 & 0.381\,0 & 0.419\,4 & 0.018\,1 & 0.010\,1 \\ 0.175\,4 & 0.473\,8 & 0.334\,7 & 0.012\,1 & 0.004\,0 \\ 0.123\,0 & 0.348\,8 & 0.504\,0 & 0.016\,1 & 0.008\,1 \\ 0.179\,4 & 0.540\,3 & 0.250\,2 & 0.020\,2 & 0.008\,1 \\ 0.207\,7 & 0.419\,4 & 0.358\,9 & 0.008\,1 & 0.006\,0 \\ 0.197\,6 & 0.373\,0 & 0.405\,2 & 0.016\,1 & 0.008\,1 \\ 0.098\,8 & 0.296\,4 & 0.570\,6 & 0.022\,2 & 0.012\,1 \\ 0.106\,9 & 0.306\,5 & 0.546\,4 & 0.026\,4 & 0.014\,1 \\ 0.227\,8 & 0.405\,2 & 0.360\,9 & 0.004\,0 & 0.002\,0 \\ 0.191\,5 & 0.387\,1 & 0.411\,3 & 0.006\,0 & 0.004\,0 \end{pmatrix}$$

$$B = A \cdot R = (0.196, 0.266\,6, 0.044\,7, 0.270\,8, 0.119, 0.031\,1, 0.088\,7, 0.017\,7, 0.038\,8, 0.012\,9)^{T}$$

$$\begin{pmatrix} 0.171\,4 & 0.381\,0 & 0.419\,4 & 0.018\,1 & 0.010\,1 \\ 0.175\,4 & 0.473\,8 & 0.334\,7 & 0.012\,1 & 0.004\,0 \\ 0.123\,0 & 0.348\,8 & 0.504\,0 & 0.016\,1 & 0.008\,1 \\ 0.179\,4 & 0.540\,3 & 0.250\,2 & 0.020\,2 & 0.008\,1 \\ 0.207\,7 & 0.419\,4 & 0.358\,9 & 0.008\,1 & 0.006\,0 \\ 0.197\,6 & 0.373\,0 & 0.405\,2 & 0.016\,1 & 0.008\,1 \\ 0.098\,8 & 0.296\,4 & 0.570\,6 & 0.022\,2 & 0.012\,1 \\ 0.106\,9 & 0.306\,5 & 0.546\,4 & 0.026\,4 & 0.014\,1 \\ 0.227\,8 & 0.405\,2 & 0.360\,9 & 0.004\,0 & 0.002\,0 \\ 0.191\,5 & 0.387\,1 & 0.411\,3 & 0.006\,0 & 0.004\,0 \end{pmatrix}$$

$$= (0.179\,4, 0.270\,8, 0.266\,6, 0.022\,2, 0.014\,1)$$

经过归一化后得：

$$B = (0.238\,2, 0.359\,6, 0.354\,0, 0.029\,5, 0.018\,7)$$

因此，得出了评价等级 V=（很好，较好，一般，较差，很差）对应的综合评价结论。计算结果表明，对黄河小浪底水利枢纽工程的兴建综合评价认定很好的占23.82%，较好的占35.96%，一般的占35.40%，较差的占2.95%，很差的占1.87%。综合起来分析，对该水利建设项目评定较好以上的占59.78%，说明该项目较好地实现了项目的总体目标。

对于一个大型的水利建设项目的综合后评价，难以量化考核，而采用多目标模糊层次分析法，能够比较好地进行量化分析，得出比较全面的综合评价结论。

4.4 基于主成分分析法的水利施工企业绩效评价研究

4.4.1 基于主成分分析的评价方法

主成分分析是利用降维的思想，把多指标转化为少数几个综合指标的统计分析方法。主成分分析研究的目的是如何将多指标进行最佳综合简化转化为较少的综合指标。也就是说，要在力保数据丢失最少的原则下，对高维变量空间进行降维处理。主成分分析法的特点是在评价指标的相关性比较高时，能消除指标间信息的重叠，而且根据指标所提供的原始信息生成非人为的权重系数。

其具体步骤如下：

(1)评价指标原始数据的标准化处理：$x_{ij}^* = \dfrac{x_{ij} - \bar{x}_j}{\sqrt{\operatorname{var}(x_j)}}(i=1,2,\cdots,n;j=1,2,\cdots,p)$。其中，$x_{ij}$表示下属单位第 i 个指标第 j 个评价值，x_{ij}^*为标准化以后的指标值，$\bar{x}_j$ 和 $\sqrt{\operatorname{var}(x_j)}$ 分别为第 j 个评价值的样本均值和标准差。

(2)计算矩阵$(x_{ij}^*)_{n\times p}$的相关矩阵 R，并计算 R 的特征值：$\lambda_1 \geqslant \lambda_2 \geqslant \cdots \geqslant \lambda_p \geqslant 0$，以及对应的标准正交化特征向量 $u_1, u_2, \cdots, u_p$，其中，$u_j = (u_{j1}, u_{j2}, \cdots, u_{jp})(j=1,2,\cdots,p)$，$u_j u_j^{\mathrm{T}} = 1$。

(3)计算特征值的累计方差贡献率：$E = \sum_{k=1}^{m} \lambda_k (\sum_{n=1}^{p} \lambda_n)^{-1}$。将 $E \geqslant 85\%$ 时 m 的最小整数作为 m 的值，即主成分的个数为 $E \geqslant 85\%$ 时的 m。

(4)提取前 m 个主成分：$y_k = \sum_{j=1}^{p} u_{kj} x_j (k=1,2,\cdots,m)$。

(5)以方差贡献率为权系数求和，计算每个被测评对象的综合评

价指标值 $F=\sum_{k=1}^{j}\alpha_k y_k$，其中 α_k 为第 k 个主成分的方差贡献率，y_k 为第 k 个主成分。按照 F 值的大小对企业绩效进行评价。

4.4.2 基于主成分分析的大型水利施工企业对下属单位的绩效评价

现以中国水利水电第四工程局下属的15个生产单位作为实证分析研究的对象。为方便分析，现分别以A、B、C、D、E、F、G、H、I、J、K、L、M、N、O等15个字母代表15个生产单位，选择图4-3所确立的评价指标体系，包括净资产收益率、总资产报酬率、主营业务利润率、产值利润率、成本费用利润率、总资产周转率、应收账款周转率、资产负债率、速动比率、流动比率、已获利息倍数、全员劳动生产率、主营业务收入增长率、资本积累率等14个评价指标，并以某年生产经营状况作为分析基础数据，对15个生产单位绩效评价的各项指标数据进行了收集和整理，如表4-6所示。

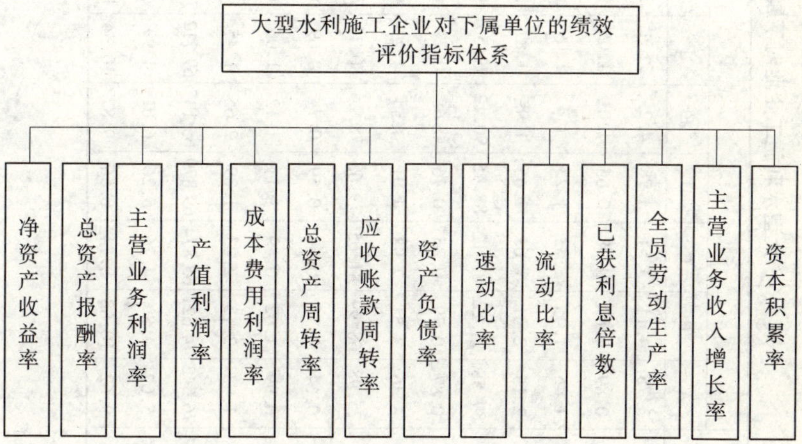

图4-3　大型水利施工企业对下属单位绩效评价指标体系

表4-6 大型水利施工企业对下属单位绩效评价指标的原始数据

指标	单位														
	A	B	C	D	E	F	G	H	I	J	K	L	M	N	O
净资产收益率	3.75	4.11	3.51	3.78	4.25	2.51	2.35	3.11	3.29	4.27	4.51	3.75	2.98	3.01	4.91
总资产报酬率	0.89	0.87	0.98	0.65	1.01	1.05	0.99	0.86	0.89	0.97	1.05	1.09	0.89	0.97	1.01
主营业务利润率	1.46	1.45	1.33	1.23	1.1	1.09	1.21	1.08	1.06	1.04	1.35	1.24	1.29	1.37	1.41
产值利润率	2.15	2.31	1.68	2.65	1.99	1.87	2.14	1.74	1.38	2.51	1.68	2.33	2.41	1.98	2.35
成本费用利润率	89.58	90.22	87.12	88.45	90.12	79.55	85.31	87.64	89.21	81.01	86.35	89.88	87.64	89.12	90.26
总资产周转率	0.87	0.79	0.85	0.76	0.68	0.77	0.89	0.75	0.88	0.87	0.79	0.91	0.81	0.84	0.86
应收账款周转率	3.46	3.51	2.98	4.01	3.54	4.23	4.11	3.98	2.89	4.03	3.12	3.61	3.54	4.26	4.03
资产负债率	75.98	68.99	81.65	79.63	78.26	80.11	76.98	81.03	82.66	78.96	83.01	79.88	79.15	81.06	74.98
速动比率	0.64	0.75	0.66	0.59	0.71	0.69	0.68	0.76	0.65	0.69	0.74	0.64	0.59	0.68	0.76
流动比率	0.99	1.02	0.89	1.11	1.12	1.06	0.99	0.89	0.93	1.06	0.97	1.18	1.09	0.97	0.96
已获利息倍数	1.93	2.13	2.03	1.89	2.65	1.45	1.68	1.03	2.45	2.13	1.89	1.59	1.76	2.11	2.09
主营业务收入	76 542	74 621	65 874	69 879	65 137	69 712	78 542	59 832	61 056	60 158	73 201	68 906	60 987	80 002	57 897
主营业务收入增长率	5.02	4.89	4.76	5.26	6.01	4.99	5.23	5.06	4.52	5.12	5.34	4.98	5.03	5.11	4.79
资本积累率	9.62	10.88	8.74	8.56	9.87	10.34	11.86	9.13	8.06	10.06	7.89	8.65	9.77	10.03	8.69

然后,根据主成分分析法设计的评价模型,以 Matlab 为计算工具,对这 15 个生产单位的绩效进行优劣排序。具体步骤如下。

4.4.2.1　指标的主成分分析

首先,采集样本。见表 4-6。

表 4-6 中,行数据表示相应的 14 个指标,列数据表示 15 个下属单位相应的指标观测值。其中,除了指标 5 是成本类指标,其余都是收益类指标。

在对指标 5 进行变化处理($1-x_{5j}$)之后,根据主成分分析的方法,对原始数据进行了标准化处理,得到标准化矩阵$(x^*)_{14\times15}$为:

$$
\begin{bmatrix}
0.1957 & 0.6850 & -0.1305 & 0.2365 & 0.8752 & -1.4895 & -1.7070 & -0.6741 & -0.4259 & 0.9024 & 1.2286 & 0.1957 & -0.8508 & -0.8100 & 1.7722 \\
-0.5037 & -0.6878 & 0.3250 & -2.7136 & 0.6013 & 0.9696 & 0.4171 & -0.7799 & -0.5037 & 0.2330 & 0.9696 & 1.3379 & -0.5037 & 0.2330 & 0.6013 \\
1.4744 & 1.4063 & 0.5883 & -0.0934 & -0.9796 & -1.0477 & -0.2297 & -1.1159 & -1.2522 & -1.3885 & 0.7246 & -0.0252 & 0.3156 & 0.8609 & 1.1336 \\
0.2006 & 0.6464 & -1.1089 & 1.5938 & -0.2452 & -0.5795 & 0.1728 & -0.9418 & -1.9448 & 1.2037 & -1.1089 & 0.7021 & 0.9250 & -0.2731 & 0.7579 \\
-0.6569 & -0.8525 & 0.0950 & -0.3115 & -0.8219 & 2.4086 & 0.6482 & -0.0640 & -0.5438 & 1.9624 & 0.3303 & -0.7486 & -0.0640 & -0.5163 & -0.8647 \\
0.7633 & -0.4906 & 0.4498 & -0.9608 & -2.2147 & -0.8041 & 1.0768 & -1.1176 & 0.9201 & 0.7633 & -0.4906 & 1.3903 & -0.1771 & 0.2931 & 0.6066 \\
-0.5055 & -0.3940 & -1.5757 & 0.7208 & -0.3271 & 1.2114 & 0.9438 & 0.6540 & -1.7764 & 0.7654 & -1.2635 & -0.1710 & -0.3271 & 1.2783 & 0.7654 \\
-0.7995 & -2.7658 & 0.7955 & 0.2273 & -0.1581 & 0.3623 & -0.5182 & 0.6211 & 1.0796 & 0.0388 & 1.1781 & 0.2976 & 0.0923 & 0.6296 & -1.0808 \\
-0.7581 & 1.2274 & -0.3971 & -1.6606 & 0.5054 & 0.1444 & -0.0361 & 1.4079 & -0.5776 & 0.1444 & 1.0469 & -0.7581 & -1.6606 & -0.0361 & 1.4079 \\
-0.2938 & 0.0546 & -1.4553 & 1.0999 & 1.2160 & 0.5192 & -0.2938 & -1.4553 & -0.9907 & 0.5192 & -0.5261 & 1.9129 & 0.8676 & -0.5261 & -0.6423 \\
0.0235 & 0.5296 & 0.2766 & -0.0777 & 1.8454 & -0.1910 & -0.6091 & -2.2538 & 1.3393 & 0.5296 & -0.0777 & -0.8368 & -0.4066 & 0.4790 & 0.4284 \\
1.1485 & 0.8854 & -0.3126 & 0.2359 & -0.4135 & 0.2131 & 1.4224 & -1.1401 & -0.9725 & -1.0955 & 0.6909 & 0.1027 & -0.9819 & 1.6224 & -1.4051 \\
-0.1623 & -0.5529 & -0.9435 & 0.5589 & 2.8125 & -0.2524 & 0.4688 & -0.0421 & -1.6647 & 0.1382 & 0.7993 & -0.2825 & -0.1322 & 0.1082 & -0.8534 \\
0.1315 & 1.2874 & -0.6759 & -0.4810 & 0.3608 & 0.7920 & 2.1865 & -0.3181 & -1.2997 & 0.5351 & -1.4557 & -0.7584 & 0.2691 & 0.5076 & -0.7217
\end{bmatrix}
$$

求得指标的相关矩阵 R:

$$
\begin{bmatrix}
1.0000 & 0.0591 & 0.3010 & 0.2476 & -0.3546 & -0.0962 & -0.2620 & -0.2671 & 0.3675 & 0.0982 & 0.4730 & -0.2916 & 0.1564 & -0.4571 \\
0.0591 & 0.9991 & -0.0283 & -0.2917 & 0.2426 & 0.2526 & -0.0385 & 0.1399 & 0.3747 & 0.0445 & 0.0151 & 0.0415 & 0.0828 & 0.0827 \\
0.3010 & -0.0283 & 1.0007 & 0.2229 & -0.5078 & 0.2202 & -0.1481 & -0.4739 & 0.0473 & -0.1554 & 0.0976 & 0.4708 & -0.1866 & -0.0066 \\
0.2476 & -0.2917 & 0.2229 & 1.0000 & -0.0252 & 0.0656 & 0.5037 & -0.5264 & -0.2829 & 0.6430 & -0.0342 & 0.0204 & 0.1889 & 0.3010 \\
-0.3546 & 0.2426 & -0.5078 & -0.0252 & 1.0000 & 0.0030 & 0.3520 & 0.2696 & 0.0120 & 0.0388 & -0.3380 & -0.0567 & 0.0031 & 0.3037 \\
-0.0962 & 0.2526 & 0.2202 & 0.0656 & 0.0030 & 0.9998 & -0.0949 & 0.0046 & -0.2474 & -0.1470 & -0.0233 & 0.1068 & -0.6401 & -0.0155 \\
-0.2620 & -0.0385 & -0.1481 & 0.5037 & 0.3520 & -0.0949 & 1.0000 & -0.1906 & 0.1245 & 0.2330 & -0.3905 & 0.1458 & 0.2149 & 0.5199 \\
-0.2671 & 0.1399 & -0.4739 & -0.5264 & 0.2696 & 0.0046 & -0.1906 & 1.0000 & -0.2803 & -0.1598 & -0.1544 & -0.1902 & 0.0196 & -0.5496 \\
0.3675 & 0.3747 & 0.0473 & -0.2829 & 0.0120 & -0.2474 & 0.1245 & -0.2803 & 1.0017 & -0.4277 & -0.0444 & -0.0888 & 0.0890 & 0.0938 \\
0.0982 & 0.0445 & -0.1554 & 0.6430 & 0.0388 & -0.1470 & 0.2330 & -0.1598 & -0.4277 & 0.9999 & 0.0805 & 0.0499 & 0.4539 & 0.1479 \\
0.4730 & 0.0151 & 0.0976 & -0.0342 & -0.3380 & -0.0233 & -0.3905 & -0.1544 & -0.0444 & 0.0805 & 0.9998 & -0.0264 & 0.1755 & -0.0867 \\
-0.2916 & 0.0415 & 0.4708 & 0.0204 & -0.0567 & 0.1068 & 0.1458 & -0.1902 & -0.0888 & 0.0499 & -0.0264 & 1.0000 & 0.1960 & 0.4260 \\
0.1564 & 0.0828 & -0.1866 & 0.1889 & 0.0031 & -0.6401 & 0.2149 & 0.0196 & 0.0890 & 0.4539 & 0.1755 & 0.1960 & 0.9997 & 0.2294 \\
-0.4571 & 0.0827 & -0.0066 & 0.3010 & 0.3037 & -0.0155 & 0.5199 & -0.5496 & 0.0938 & 0.1479 & -0.0867 & 0.4260 & 0.2294 & 0.999
\end{bmatrix}
$$

计算 R 的特征值及其对应的正交标准化特征向量,并根据 $E\geqslant 85\%$ 的条件确定了用于建模的主成分个数为 6。表 4-7 列出了对应 6

个主成分的特征值及其方差贡献率和正交标准化特征向量。

表 4-7 特征值对应的特征向量及其方差贡献率

特征值	2.853 2	2.579 3	2.033 6	1.793 9	1.314 7	1.235 1
方差贡献率	20.38%	18.42%	14.52%	12.81%	9.39%	9.82%
累计贡献率	20.38%	38.80%	53.32%	66.13%	75.52%	85.34%
u_{i1}	-0.131 2	-0.457 7	-0.265 4	-0.132 7	-0.306 6	-0.131 1
u_{i2}	-0.070 4	0.115 3	0.029 0	-0.384 8	-0.041 2	-0.690 8
u_{i3}	0.015 9	-0.428 3	0.385 5	-0.055 6	0.120 3	0.030 2
u_{i4}	0.434 0	-0.235 5	-0.033 8	0.268 4	-0.337 4	-0.039 8
u_{i5}	0.140 4	0.460 0	-0.040 8	-0.088 1	-0.192 6	-0.187 1
u_{i6}	-0.108 4	0.006 2	0.486 9	0.209 4	-0.236 1	-0.440 3
u_{i7}	0.440 2	0.182 1	0.024 6	-0.103 4	-0.248 9	0.124 7
u_{i8}	-0.304 4	0.378 9	-0.195 8	0.190 3	0.196 2	-0.114 3
u_{i9}	-0.069 0	-0.060 0	-0.036 6	-0.690 5	-0.232 6	0.119 2
u_{i10}	0.352 2	-0.089 0	-0.298 6	0.298 6	-0.004 4	-0.364 7
u_{i11}	-0.115 1	-0.350 6	-0.188 7	-0.002 0	0.206 0	-0.287 3
u_{i12}	0.230 0	-0.062 3	0.332 5	-0.099 0	0.582 1	-0.097 4
u_{i13}	0.266 4	-0.050 8	-0.471 0	-0.179 6	0.368 1	-0.072 3
u_{i14}	0.453 2	0.095 1	0.206 9	-0.229 5	0.109 2	-0.032 8

由得到的特征向量可求得前 6 个主成分的关系式为：

$$y_1 = -0.1312x_1 - 0.0704x_2 + 0.0159x_3 + 0.4340x_4 + 0.1404x_5 - 0.1084x_6 + 0.4402x_7 - 0.3044x_8 - 0.0690x_9 + 0.3522x_{10} - 0.1151x_{11} + 0.2300x_{12} + 0.2664x_{13} + 0.4532x_{14}$$

$$y_2 = -0.4577x_1 + 0.1153x_2 - 0.4283x_3 - 0.2355x_4 + 0.4600x_5 + 0.0062x_6 + 0.1821x_7 + 0.3789x_8 - 0.0600x_9 - 0.0890x_{10} - 0.3506x_{11} - 0.0623x_{12} - 0.0508x_{13} + 0.0951x_{14}$$

$$y_3 = -0.2654x_1 + 0.0290x_2 + 0.3855x_3 - 0.0338x_4 - 0.0408x_5 + 0.4869x_6 + 0.0246x_7 - 0.1958x_8 - 0.0366x_9 - 0.2986x_{10} - 0.1887x_{11} + 0.3325x_{12} - 0.4710x_{13} + 0.2069x_{14}$$

$$y_4 = -0.1327x_1 - 0.3848x_2 - 0.0556x_3 + 0.2684x_4 - 0.0881x_5 + 0.2094x_6 - 0.1034x_7 + 0.1903x_8 - 0.6905x_9 + 0.2986x_{10} - 0.0020x_{11} - 0.0990x_{12} - 0.1796x_{13} - 0.2295x_{14}$$

$$y_5 = -0.3066x_1 - 0.0412x_2 + 0.1203x_3 - 0.3374x_4 - 0.1926x_5 - 0.2361x_6 - 0.2489x_7 + 0.1962x_8 - 0.2326x_9 - 0.0044x_{10} + 0.2060x_{11} + 0.5821x_{12} + 0.3681x_{13} + 0.1092x_{14}$$

$$y_6 = -0.1311x_1 - 0.6908x_2 + 0.0302x_3 - 0.0398x_4 - 0.1871x_5 - 0.4403x_6 + 0.1247x_7 - 0.1143x_8 + 0.1192x_9 - 0.3647x_{10} - 0.2873x_{11} - 0.0974x_{12} - 0.0723x_{13} - 0.0328x_{14}$$

从每个主成分的表达式可以看出，第一主成分 y_1 在顾及全体指标信息的同时，突出反映了产值利润率、应收账款周转率、资产负债率、流动比率以及资本积累率等5个指标的综合效应；第二主成分 y_2 突出反映了净资产收益率、主营业务利润率、成本费用利润率、资产负债率、已获利息倍数等5项指标的综合效应；第三主成分 y_3 重点突出了主营业务利润率、总资产周转率、全员劳动生产率和主营业务收入增长率等4项指标的综合效应；第四主成分 y_4 重点反映了总资产报酬率和速动比率2项指标的综合效应；第五主成分 y_5 重点反映了净资产收益率、产值利润率、全员劳动生产率以及主营业务收入增长率等4项指标的综合效应；第六主成分 y_6 则重点反映了总资产报酬率、总资产周转率、流动比率3项指标的综合效应。

4.4.2.2　下属单位绩效评价

以方差贡献率为权系数构造综合评价模型 $F = \sum_{k=1}^{j} \omega_k y_k$。按照 F 值的大小对下属单位绩效进行优劣排序，分别计算15个下属单位绩效的得分值，根据分值的大小对下属单位进行优劣排序，排序结果如表4-8所示。

表 4-8　下属单位绩效得分值以及排序结果

单位	A	B	C	D	E	F	G	H
PCA 得分	0.155 4	−0.145 3	−0.302 7	0.516 5	−0.691 6	0.716 7	0.950 6	0.170 6
排序	8	11	12	5	14	4	3	7
单位	I	J	K	L	M	N	O	
PCA 得分	−0.448	−0.088 9	−0.756	−0.046 5	0.423 5	1.168 5	1.117	
排序	13	10	15	9	6	1	2	

由此可以看出，对下属的 15 个单位进行绩效评价的结果排名顺序依次为下属单位 N、下属单位 O、下属单位 G、下属单位 F、下属单位 D、下属单位 M、下属单位 H、下属单位 A、下属单位 L、下属单位 J、下属单位 B、下属单位 C、下属单位 I、下属单位 E、下属单位 K。

4.5　灰色多指标决策模型在河北省水资源影子价格测算中的应用

4.5.1　水资源价值评价指标体系

4.5.1.1　水资源价值影响因素分析

水资源价值系统是一个复杂的大系统，是自然系统、社会系统、经济系统相互影响、相互作用、相互耦合的系统。在这个系统中存在着降水的随机性，地表水、地下水、土壤水、大气水的互相转化，水量和水质的相互耦合等。同时，水资源问题的动态性、水资源工程的多目标性和多宗旨性，以及获取、传递和处理数据的不易性都决定了这个系统的复杂性。综观影响水资源价值的因素，可以将其分为 3 类：自然因素（包括环境因素）、经济因素、社会因素。

自然因素是决定水资源价值的重要因素之一，它是非人工控制的，主要是指水资源所处的地理位置及其存在的空间。自然因素评价指标有水资源丰度、水资源品质、水资源开发利用程度等。

经济因素对水资源价值具有重要影响。水资源价值与经济发展关系密切,一方面经济的发展要消耗大量的水资源;另一方面经济活动排放的大量污水污染了水体,导致水资源功能下降,使本来有限的水资源更加稀缺,又影响了经济发展;同时,污染治理所需的资金也只能在经济发展中筹集。此外,不同的水资源配置所显示出来的水资源价值是有差异的,水资源的有效配置,是产生最佳经济效益的必要手段。经济因素评价指标主要包括产业结构、经济发展水平等。

社会因素在水资源价值形成过程中同样占有重要地位。水是人类赖以生存的必要条件之一,人人都有用水的权利,在水资源价值的评价问题上必须考虑到水资源价值的社会性,即整个社会对水资源价值的影响,以及水资源价值对整个社会的影响,这必将直接关系到社会的稳定。社会因素在水资源价值形成过程中是不可忽视的,它主要包括政策导向、人口等。

4.5.1.2　水资源价值评价指标体系

由以上分析可知,影响水资源价值的因素是多方面的,为了全面真实地反映水资源价值,并使评价指标体系便于运算,我们在占有一定信息和经验的基础上,根据客观条件,用科学的理论和方法,建立了一套科学可行的评价指标体系。我们在设计指标体系时,遵从以下原则:①全面性原则,即所选指标应涵盖影响水资源价值属性(自然、社会、经济)的各个方面,避免所选指标偏向某一方面的弊端,考虑全面;②代表性原则,即所选指标应具有代表性,某属性指标应能够反映该属性特性;③独立性原则,即各个评价指标彼此相互独立,尽可能减少相关性,避免指标间相互交叉;④简约性原则,即在能准确反映某属性整体的前提下,所选指标应简洁明了;⑤可操作性原则,即所选指标应当可以测算和量化,不能简单地依赖无根据的自信和主观臆断,而应力求符合具体情况的需要,从实际出发提炼指标。

由此,选择3层共18个指标,建立水资源价值评价指标体系,如图4-4所示。

水资源丰度:水资源总量可以从总体上直观反映出当年水资源的丰度,人均水资源量、人均用水量则包含人口因素,更准确地反映水资

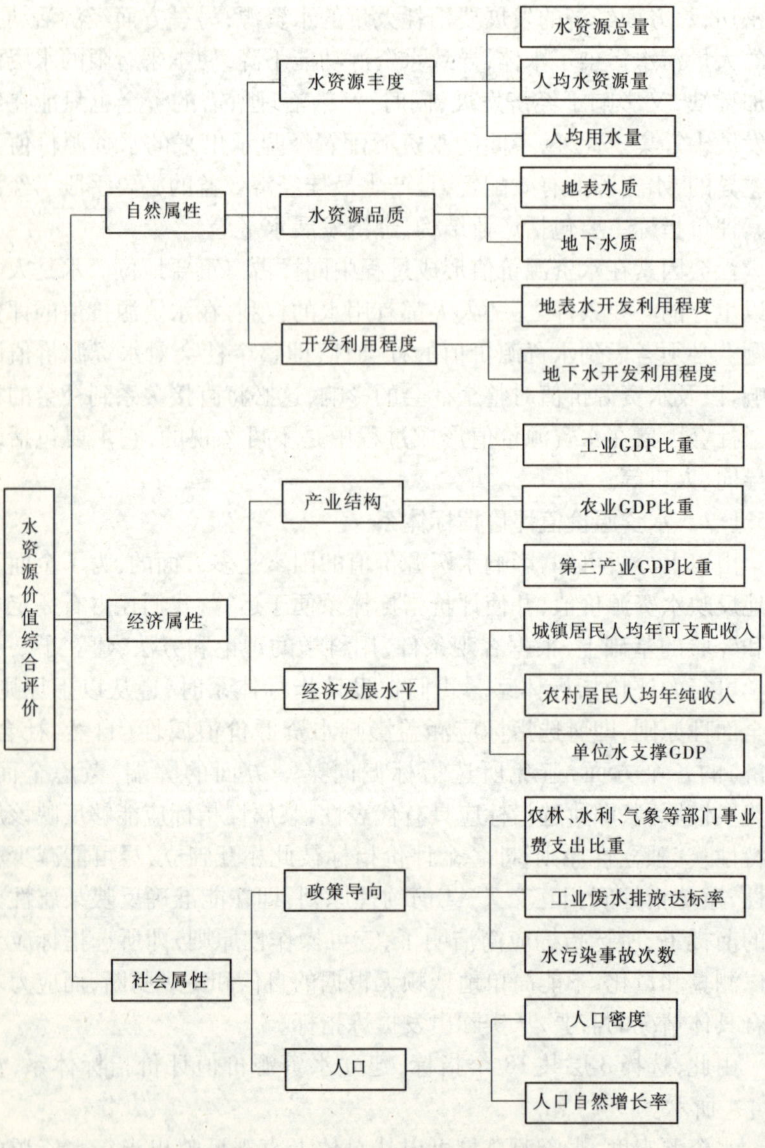

图 4-4　水资源价值评价指标体系

源丰度。水资源越丰富，丰度越大，则水资源供给越丰富，水资源价值越低。

水资源品质：地表水质和地下水质好，即水资源品质优，水资源价值高。

开发利用程度：用以下公式评价：

$$地表水开发利用程度=\frac{地表水供水总量}{地表水总量}\times100\%$$

$$地下水开发利用程度=\frac{地下水供水总量}{地下水总量}\times100\%$$

水资源开发利用程度越高，水资源越稀少，越显示其珍贵，则水资源价值越大。

产业结构：工业GDP比重、农业GDP比重，以及第三产业GDP比重分别反映了工业、农业及第三产业的经济比重。农业、工业所占比重越大，则水资源价值必然越低；第三产业比重越大，水资源价值越高。

经济发展水平：城镇居民人均年可支配收入、农村居民人均年纯收入反映了居民可承受能力，收入越高，可承受能力越强，水资源价值越高。

$单位水支撑GDP=\frac{地区生产总值}{供水总量}$，单位水支撑GDP越高，经济发展总水平越高，水资源价值越优。

政策导向：由于统计年鉴中没有对水利行业的事业费支出单独列示，我们以农林、水利、气象等部门事业费代替水利事业费支出。

$$农林、水利、气象等部门事业费支出比重=\frac{农林、水利、气象等部门事业费}{财政总支出}\times100\%$$

$$工业废水排放达标率=\frac{工业废水排放达标量}{工业废水排放总量}\times100\%$$

农林、水利、气象等部门事业费支出比重、工业废水排放达标率及水污染事故次数与政策导向息息相关，前两个指标数值越大，水资源价值越高，后一个指标数值越大，水资源价值越低。

人口：人口密度、人口自然增长率越高，水资源越显得珍贵，水资源价值越高。

4.5.2　熵值法确定权重系数

无论项目评估还是多目标决策，人们常常要考虑每个评价指标（或各目标、属性）的相对重要程度。表示重要程度最直接和最简便的方法是给各指标赋予权重。

熵是物质系统状态的一个函数。它表示系统的紊乱程度，是系统的无序状态的量度，经过对评估矩阵计算得出的作为权数的熵权，并不是在决策或评估问题中某指标实际意义上的重要系数，而是在给定被评价方案集后各种评价指标确定的情况下，各指标在竞争意义上的相对激烈程度系数。从信息角度考虑，它代表该指标在该问题中提供有用信息量的多寡程度。

4.5.2.1　熵值法的基本原理

熵实质上就是对系统状态不确定性的一种度量，当系统处于 m 种不同状态，每种状态出现的概率为 $P_i(i=1,2,\cdots,m)$ 时，评价该系统的熵为：

$$E=-K\sum_{i=1}^{m}P_i\ln P_i,0\leqslant P_i\leqslant 1,\sum_{i=1}^{m}P_i=1。$$

式中：K 为正常数。

熵具有极值性，当系统状态为等概率时，即 $P_i=1/m$ 时，熵值最大。熵值越大，代表指标在问题中提供的信息量越小，因此可利用熵来衡量某一评价指标对评价对象的影响程度，即权数。

4.5.2.2　熵值法计算步骤

在评价模型中，设有 m 个评价对象、n 项评价指标，得到评价指标矩阵 $X=(x_{ij})_{m\times n}$：

$$X=\begin{bmatrix} x_{11} & x_{12} & \cdots & x_{1n} \\ x_{21} & x_{22} & \cdots & x_{2n} \\ \vdots & \vdots & & \vdots \\ x_{m1} & x_{m2} & \cdots & x_{mn} \end{bmatrix}$$

对于因子 j，若各评价对象的指标值 x_{ij} 间的差距越大，则该指标在综合评价中所起的作用就越大;反之,作用越小。

将信息熵和指标值的差异程度联系起来,在指标矩阵 X 中,某项指标值差异程度越大,信息熵越小,则该指标的权重越大;反之,某项指标值的差异程度越小,信息熵越大,则该指标的权重越小。

其计算步骤如下:

步骤1,计算指标值 x_{ij} 在指标 j 下的权重 $P(x_{ij})$:

$$P(x_{ij}) = \frac{x_{ij}}{\sum_{i=1}^{m} x_{ij}}$$

步骤2,计算指标 j 的熵值 e_j:

$$e_j = -K\sum_{i=1}^{m} P(x_{ij})\ln P(x_{ij})$$

其中 $K=1/\ln m$。

步骤3,计算指标 j 的差异性因数 g_j:

$$g_j = 1 - e_j$$

对于给定的指标 j,x_{ij} 的差异性越小,则 e_j 越大;当 x_{ij} 全部相等时,$e_j=1$,此时指标 j 几乎无作用;当各评价的指标值相差越大时,e_j 越小,该项指标对于评价对象比较所起的作用越大。因此,当 g_j 越大时,指标越重要。

步骤4,计算熵权 w_j:

$$w_j = \frac{g_j}{\sum_{j=1}^{m} g_j}$$

4.5.3　河北省水资源影子价格测算研究

4.5.3.1　灰色多指标决策模型及熵值法在河北省水资源价值评价中的应用

运用灰色多指标决策方法及熵值法,对河北省水资源价值进行评价。

1)三级优属度计算

(1)水质优属度。与其余 16 个指标不同,地表水质和地下水质的评价可依据国家地表水质量标准 GB3838—2002 和国家地下水质量标准 GB/T 14848—93。国家地表水质量标准和地下水质量标准将水质由优至劣分为 5 个等级,即 Ⅰ、Ⅱ、Ⅲ、Ⅳ、Ⅴ,我们分别对其赋值为 0.9、0.7、0.5、0.3、0.1,即该指标的最优值为 0.9,最差值为 0.1。

首先计算不同类别水质的优属度,取 $\xi=0.5$。则Ⅰ类水质的优属度为 0.9,Ⅱ类水质的优属度为 0.882,Ⅲ类水质的优属度为 0.845,Ⅳ类水质的优属度为 0.735,Ⅴ类水质的优属度为 0.1,超Ⅴ类水质的优属度计为 0。

根据河北省 2005 年水资源公报,河北省当年的河流、水库、洼淀水质状况为:Ⅱ类水质 7.442 亿 m^3,Ⅲ类水质 11.851 亿 m^3,Ⅳ类水质 0.125 亿 m^3,Ⅴ类水质 0.302 亿 m^3,超Ⅴ类水质 0.477 亿 m^3。以体积为权重,得到地表水质的优属度为 $u_{121}=0.8269$。河北省当年地下水质,Ⅰ级水质占全省设区市的 18.2%,Ⅱ级水质占 45.5%,Ⅳ级水质占 36.3%。地下水水质优属度为 $u_{122}=0.8150$。

(2)其余指标优属度。其余指标均具有较强的地域性,也没有通用标准可作为评价依据,所以将 31 个省、直辖市、自治区(不包括香港、澳门特别行政区及台湾)的数据归集比较,以其中最优值为最优,最差值为最劣,从而得到河北省其余三级指标的优属度:

$$u_{111}=0.8858,\quad u_{112}=0.8997,\quad u_{113}=0.8719;\qquad u_{131}=0.8952,\quad u_{132}=0.8999,$$

$$u_{211}=0.1694,\quad u_{212}=0.4810,\quad u_{213}=0.2039;\qquad u_{221}=0.2361,\quad u_{222}=0.5962,\quad u_{223}=0.8578$$

$$u_{311}=0.5541,\quad u_{312}=0.8861,\quad u_{313}=0.8808;\qquad u_{321}=0.8977,\quad u_{322}=0.8570$$

2)权重系数确定

以 31 个省、直辖市、自治区作为评价对象,通过熵值法,我们可以确定各级权重系数。

三级权重：

$$
\begin{matrix} w_{111}=0.4164 \\ w_{112}=0.2582 \\ w_{113}=0.3254 \end{matrix},\quad
\begin{matrix} w_{121}=0.5853 \\ w_{122}=0.4147 \end{matrix},\quad
\begin{matrix} w_{131}=0.5007 \\ w_{132}=0.4993 \end{matrix},\quad
\begin{matrix} w_{211}=0.4726 \\ w_{212}=0.2939 \\ w_{213}=0.2335 \end{matrix}
$$

$$
\begin{matrix} w_{221}=0.6233 \\ w_{222}=0.2869 \\ w_{223}=0.0898 \end{matrix},\quad
\begin{matrix} w_{311}=0.4522 \\ w_{312}=0.1737 \\ w_{313}=0.3741 \end{matrix},\quad
\begin{matrix} w_{321}=0.2456 \\ w_{322}=0.7544 \end{matrix}
$$

二级权重：

$$
\begin{matrix} w_{11}=0.3014 \\ w_{12}=0.1899 \\ w_{13}=0.5088 \end{matrix},\quad
\begin{matrix} w_{21}=0.2482 \\ w_{22}=0.7518 \end{matrix},\quad
\begin{matrix} w_{31}=0.3178 \\ w_{32}=0.6822 \end{matrix}
$$

一级权重：

$$
\begin{matrix} w_1=0.1261 \\ w_2=0.6071 \\ w_3=0.2668 \end{matrix}
$$

3）二级、一级优属度及总优属度

（1）二级优属度：

$$
\begin{matrix} u_{11}=0.8849 \\ u_{12}=0.8220 \\ u_{13}=0.8975 \end{matrix},\quad
\begin{matrix} u_{21}=0.2690 \\ u_{22}=0.3952 \end{matrix},\quad
\begin{matrix} u_{31}=0.7340 \\ u_{32}=0.8670 \end{matrix}
$$

（2）一级优属度：

$$
\begin{matrix} u_1=0.8795 \\ u_2=0.3639 \\ u_3=0.8247 \end{matrix}
$$

（3）总优属度：

$$
u=0.5519
$$

评价语言向量为（优良，良好，较好，较差，极差），其对应优属度向量为（0.9，0.7，0.5，0.3，0.1），则河北省水资源价值属于略好于较好一类。

4.5.3.2 水资源影子价格向量确定

依照相应的优属度向量，水资源影子价格向量 $S=(P,P_1,P_2,P_3,P_4)$，P 为水资源影子价格上限。由于水的重要性，当水资源价值达到最高值的时候，消费支出可以完全用来支付水资源费用，所以水资源影子价格的上限可以用下式来表示：

$$P=\frac{E}{C}$$

式中：P 为水资源影子价格上限；E 为最终消费支出；C 为总用水量。

2005 年河北省最终消费支出 4 315.20 亿元，总用水量 201.8 亿 m^3。由此可以计算得出 $P=21.38$ 元/m^3。

2005 年河北省水资源影子价格向量为 $S=(21.38,16.63,11.88,7.13,2.38)$。

4.5.3.3 河北省水资源影子价格的确定

由于河北省水资源价值的优属度 $u=0.5519$，水资源影子价格 $SP=uS$，可以得到河北省 2005 年水资源影子价格 $SP=13.11$ 元/m^3（鉴于数据可得性较差，指标体系选取略有不足，方法较为简单，计算得出的水资源影子价格偏高。本书仅限于对方法的探讨，数据仅供参考）。

参考文献

[1] 国家发展和改革委员会,建设部.建设项目经济评价方法与参数[M].第3版.北京:中国计划出版社,2006.

[2] 徐莉.技术经济学[M].武汉:武汉大学出版社,2003.

[3] 蒋太才.技术经济学基础[M].北京:清华大学出版社,2006.

[4] 刘寅吉.一个电网投资分摊的算法:多人合作对策的二次规划解法[J].江苏机电工程,1997,16(2).

[5] 蔡建峰.基于目标的软对策分析方法[J].陕西师范大学学报(自然版),2000,28(2).

[6] 冯吉录,牛富.农田水利工程投资分摊对策的交互式多目标规划解法[J].治淮,2000(3).

[7] 刘德铭.对策论及其应用[M].长沙:国防科技大学出版社,1995.

[8] 王卓甫.工程项目风险管理——理论·方法与应用[M].北京:中国水利水电出版社,2002.

[9] 邱菀华.现代项目风险管理方法与实践[M].北京:科学出版社,2003.

[10] 严武,等.风险统计与决策分析[M].北京:经济管理出版社,1999.

[11] 吴泽宁,等.工程项目系统评价[M].郑州:黄河水利出版社,2002.

[12] 吴翎,等.应用数学统计[M].长沙:国防科技大学出版社,2003.

[13] 于九如.投资项目风险分析[M].北京:机械工业出版社,1999.

[14] 李创,等.大型水利水电工程后评价经济评价研究[R].河南省科技厅,2003.

[15] 秦寿康.综合评价原理与应用[M].北京:电子工业出版社,2003.

[16] 刘国靖,等.21世纪新项目管理[M].北京:清华大学出版社,2003.

[17] 杨培岭.现代水利水电工程项目管理理论与实践[M].北京:中国水利水电出版社,2004.

[18] 毕星,等.项目管理[M].上海:复旦大学出版社,2003.

[19] 葛宝山,等.工程项目评估[M].北京:清华大学出版社,北京交通大学出版社,2004.

[20] 吴泽宁,等.水利水电项目经济风险的模糊分析方法[J].河海大学学报,2003(4).

[21] 赵忠刚,等.油气管道风险因素的权重赋值方法研究[J].天然气工业,

2007(7).
[22] 何静,等.中国9大流域动态水资源影子价格计算研究[J].水利经济,2005(1).
[23] 李晶,等.水权与水价[M].北京:中国发展出版社,2003.
[24] 贾春宁,等.论合理的水价与水资源的可持续利用[J].中国地质大学学报(社会科学版),2005(1).
[25] 汪党献,等.水资源价值水资源影子价格[J].水科学进展,1999(10).
[26] 邓琦,等.水资源灰色系统预测与决策[M].北京:测绘出版社,1989.
[27] 林幼斌,刘春学.影子价格理论及其应用[J].云南财贸学院学报,2001(5).
[28] 何承耕,等.自然资源定价主要理论模型探讨[J].福建地理,2002(3).
[29] 张协奎,周青.影子价格理论在评估动态地价中的应用[J].中国房地产估价师,2000(5).
[30] 沈大军,等.水价理论与实践[M].北京:科学出版社,1999.
[31] 张志乐.水作为供水项目产出物的影子价格测算理论和方法[J].水利科技与经济,1999,5(1).
[32] 楼成君,陈有才.熵权多目标决策法在水资源系统决策分析中的应用[J].浙江水利科技,2005,32(1).
[33] 刘智,端木京顺.基于熵权多目标决策的方案评估方法研究[J].数学的实践与认识,2005,35(10).
[34] 宋杰鲲,张在旭,张晓慧.一种基于熵权多目标决策和人工神经网络的炼油企业绩效评价方法[J].中国石油大学学报(自然科学版),2006,30(1).
[35] 刘铁军,郭洁,等.小型农田水利设施投资主体缺位原因分析[J].东北水利水电,2004,22(8).
[36] 郭洁.实物期权方法在企业价值评估中的应用[J].郑州轻工业学院学报(社会科学版),2004,5(4).
[37] 郭洁,张天桥.多人合作对策理论在水库投资分摊中的应用[J].东北水利水电,2004,22(12).
[38] 郭洁.综合利用水利枢纽工程投资分摊方法研究[J].广东水利水电,2005(3).
[39] 郭洁.民营科技企业价值评估中的实物期权方法[J].价值工程,2006,25(2).
[40] 郭洁.水权交易中新的定价方法——实物期权方法[J].中国农村水利水电,2006(4).

[41] 胡建兰,孙文怀. 旧区改造中有效性价值的均衡[J]. 华北水利水电学院学报,1997,18(2).
[42] 胡建兰,朱瑜. 层次分析在评标定标中的应用 [J]. 华北水利水电学院学报,2001,22(2).
[43] 胡建兰,王鹏飞,等. 建筑工程施工安全事故的模糊综合评价法[J]. 建筑安全,2007,22(4).
[44] 严军,胡建兰,等. 南水北调对长江流域水资源承载力的影响及水资源优化配置方法[J]. 水力发电学报,2007,26(3).
[45] 李创,胡德朝,等. 风险投资评估模型研究[R]. 河南省社科联,2006.
[46] 李创,彭晓炎,等. 水利工程经济风险的识别与分析[R]. 河南省社科联,2007.
[47] 李创,高建民. 基于主成分分析法的水利施工企业绩效评价研究[J]. 华北水利水电学院学报(自然科学版),2008(4).
[48] 胡修池. 水利建设项目后评价研究[J]. 黄河水利职业技术学院学报,2006(2).
[49] 许冉. 区域水资源影子价格的测算研究:[硕士学位论文][D]. 郑州:华北水利水电学院,2007.